Jean-François Chaix

Caractérisation Non Destructive de l'endommagement de bétons

Jean-François Chaix

Caractérisation Non Destructive de l'endommagement de bétons

Apport de la multidiffusion ultrasonore

Presses Académiques Francophones

Impressum / Mentions légales
Bibliografische Information der Deutschen Nationalbibliothek: Die Deutsche Nationalbibliothek verzeichnet diese Publikation in der Deutschen Nationalbibliografie; detaillierte bibliografische Daten sind im Internet über http://dnb.d-nb.de abrufbar.
Alle in diesem Buch genannten Marken und Produktnamen unterliegen warenzeichen-, marken- oder patentrechtlichem Schutz bzw. sind Warenzeichen oder eingetragene Warenzeichen der jeweiligen Inhaber. Die Wiedergabe von Marken, Produktnamen, Gebrauchsnamen, Handelsnamen, Warenbezeichnungen u.s.w. in diesem Werk berechtigt auch ohne besondere Kennzeichnung nicht zu der Annahme, dass solche Namen im Sinne der Warenzeichen- und Markenschutzgesetzgebung als frei zu betrachten wären und daher von jedermann benutzt werden dürften.

Information bibliographique publiée par la Deutsche Nationalbibliothek: La Deutsche Nationalbibliothek inscrit cette publication à la Deutsche Nationalbibliografie; des données bibliographiques détaillées sont disponibles sur internet à l'adresse http://dnb.d-nb.de.
Toutes marques et noms de produits mentionnés dans ce livre demeurent sous la protection des marques, des marques déposées et des brevets, et sont des marques ou des marques déposées de leurs détenteurs respectifs. L'utilisation des marques, noms de produits, noms communs, noms commerciaux, descriptions de produits, etc, même sans qu'ils soient mentionnés de façon particulière dans ce livre ne signifie en aucune façon que ces noms peuvent être utilisés sans restriction à l'égard de la législation pour la protection des marques et des marques déposées et pourraient donc être utilisés par quiconque.

Coverbild / Photo de couverture: www.ingimage.com

Verlag / Editeur:
Presses Académiques Francophones
ist ein Imprint der / est une marque déposée de
OmniScriptum GmbH & Co. KG
Heinrich-Böcking-Str. 6-8, 66121 Saarbrücken, Deutschland / Allemagne
Email: info@presses-academiques.com

Herstellung: siehe letzte Seite /
Impression: voir la dernière page
ISBN: 978-3-8416-2552-6

ECOLE DOCTORALE DE MECANIQUE, PHYSIQUE ET MODELISATION

UNIVERSITE DE LA MEDITERRANEE

THESE

présentée par Jean-François CHAIX

en vue de l'obtention du Grade de Docteur de l'Université

Spécialité: Mécanique des Solides

CARACTERISATION NON DESTRUCTIVE DE L'ENDOMMAGEMENT DE BETONS APPORT DE LA MULTIDIFFUSION ULTRASONORE

Soutenue le 10 octobre 2003

Composition du jury:

Gilles CORNELOUP	Professeur des Universités	Université de la Méditerranée, Aix-en-Pce	Directeur
Philippe COTE	Directeur de Recherche	LCPC, Nantes	Rapporteur
Vincent GARNIER	Maître de Conférences	Université de la Méditerranée, Aix-en-Pce	
Yves JAYET	Professeur des Universités	INSA, Lyon	Rapporteur
Alain JEANPIERRE	Ingénieur	EDF, Aix-en-Pce	
Daniel ROYER	Professeur des Universités	Université Denis Diderot, Paris	Président
Armand WIRGIN	Directeur de Recherche	CNRS, Marseille	

Laboratoire de Caractérisation Non Destructive (LCND) - EA 3153
Université de la Méditerranée

A Emilie et Marie-Laure,

REMERCIEMENTS

Ce travail a été réalisé au sein du Laboratoire de Caractérisation Non Destructive (LCND) de l'Université de la Méditerranée à l'IUT d'Aix, en collaboration avec le département Topographie-Exécution-Géologie-Géotechnique (TEGG) du Service Qualité des Réalisations (SQR) d'EDF.

Tout d'abord, je tiens à exprimer ma profonde gratitude à Gilles Corneloup, pour m'avoir proposé ce sujet et m'avoir encadré durant ces trois années de thèse. Son approche stratégique des problèmes, ses critiques constructives et quelques "idées de Génie" ont été des atouts majeurs dans cette thèse.

Je remercie chaleureusement Vincent Garnier, mon guide de tous les instants dont l'ouverture et la ténacité d'esprit, les encouragements et la disponibilité ont contribué à un quotidien très positif et propice à la réalisation de travaux de recherche.

Je remercie tout particulièrement Philippe Cote et Yves Jayet, animateurs de nombreux projets dans les domaines du génie civil et du Contrôle Non Destructif, d'avoir bien voulu consacrer du temps à relire ce manuscrit et dont les remarques et analyses ont été tout à fait bénéfiques.

Je tiens également à remercier vivement Daniel Royer et Armand Wirgin, dont les études et travaux en acoustique font autorité, de m'avoir fait l'honneur de participer à mon jury.

J'adresse mes profonds remerciements à Alain Jeanpierre, coordinateur hors-pair entre les deux entités et dont l'étendue des compétences dans le domaine du génie civil a été, dans ce travail, le complément idéal à celle du LCND. Je remercie également l'ensemble de l'équipe de l'EDF-SQR-TEGG dont le savoir-faire dans les formulations et essais relatifs aux bétons se sont montrées indispensables.

Je ne saurais oublier toute l'équipe du LCND, et celle du département Génie Mécanique et Productique de l'IUT d'Aix avec en particulier Cécile Gueudré, Ivan Lillamand et Joseph Moysan pour leurs précieux conseils distillés au cours de ces trois années, Jean-Hugues Marchèse qui a donné une "dimension métrologique" à cette étude, Christophe Barbagli, expert ès Labview® et bien plus encore, Boris Caminade pour ses conseils et interventions informatiques toujours appréciés, Damien Fereoux, fabricant de talent doué dans l'aluminium, Djamel Tazzamoucht, maître ès Catia®, Richard Apfel pour ses compétences linguistiques Outre-Manche, Nicole Ferré et Maryvonne Pestre, dont les sourires et la bonne humeur sont à la base de la convivialité du département et finalement Alexandre Apfel et Salim Chaki, mes compagnons de route dont les discussions et soutiens mutuels ont largement contribué à une ambiance agréable de travail.

TABLE DES MATIERES

Introduction

La caractérisation non destructive du béton joue un rôle important dans les évaluations et contrôles des structures du génie civil (barrages, ponts, tunnels, …) où les carottages sont coûteux et quelquefois impossibles. La réduction voire l'élimination de ces opérations est un enjeu important et les mesures *in situ* représentent dans le béton une grande partie des mesures industrielles.

L'application, qui intéresse directement l'entreprise Electricité De France, partenaire de ce travail, concerne le stockage souterrain profond de déchets nucléaires. L'enrobage de béton, qui contient et isole les déchets, est soumis aux sollicitations thermiques imposées par ces déchets. Le sujet de thèse, proposé dans ce cadre général, est celui de la caractérisation non destructive de l'endommagement thermique du béton qui peut apparaître pour des faibles niveaux de température (jusqu'à 200°C). Le but final est de pouvoir disposer d'un indicateur de l'état de santé du béton permettant de valider la reprise mécanique du colis.

Le milieu considéré est un matériau hétérogène contenant du sable et des gravillons liés par une matrice à base de ciment. L'endommagement thermique se présente par le développement de microfissures réparties dans l'ensemble de la structure et se manifeste par une chute des caractéristiques mécaniques. Parmi les techniques de caractérisation non destructives, les méthodes ultrasonores sont retenues car elles s'avèrent très sensibles à ce type d'endommagement et proposent un lien direct avec la mécanique dont les relations sont établies pour les milieux homogènes. De plus, leur mise en œuvre simple est un atout majeur pour le cas des mesures *in situ*.

Le béton est un milieu composite qui conduit à la dispersion et à l'atténuation des ondes ultrasonores. Le principal phénomène à l'origine de ce comportement est la diffusion des ondes dans le milieu. Celle-ci définit l'interaction d'une onde avec un obstacle et induit une dispersion spatiale de l'onde incidente. De manière générale, plus la fréquence est élevée, plus la diffusion est importante. Lorsqu'on trouve dans le milieu plusieurs inclusions, comme c'est le cas dans le béton, des interactions apparaissent entre les champs diffusés et les obstacles, ce qui donne naissance à des ondes plusieurs fois diffusées. Ce phénomène, appelé *diffusion multiple*, est présent dans le béton. Il est d'autant plus important que le taux volumique de diffuseurs et la diffusion par un obstacle seul sont importants.

Dans ces milieux, le champ ultrasonore total dépend fortement des positions aléatoires des obstacles et on a alors recours à des moyennes statistiques des champs sur les configurations des positions dans l'étude de la propagation. Ces notions permettent de définir le champ moyen total dans le milieu, appelé *champ cohérent* que l'on distingue du *champ incohérent* qui s'annule lors du moyennage. Lors de la propagation de l'onde dans les milieux hétérogènes, il s'opère donc une transformation des ondes cohérentes vers les ondes incohérentes. Les premières sont décrites par les équations de propagation de l'amplitude du champ et les secondes par les équations de diffusion de l'intensité. L'énergie cohérente décroît avec l'augmentation de la diffusion dans le milieu et peut, selon la fréquence et la distance de propagation, ne plus être observée.

Les méthodes ultrasonores classiquement utilisées dans le génie civil reposent sur l'analyse de l'onde cohérente définie par sa vitesse et son atténuation. Les applications de caractérisation des bétons se font principalement à partir des mesures de vitesses ultrasonores à basses fréquences (de 20 kHz à 200 kHz). D'un point de vue théorique, on relève peu d'études permettant de mettre en lumière les origines des comportements spécifiques au béton. Seuls quelques modèles de diffusion simple ont montré la nécessité de prendre en compte la diffusion multiple. Expérimentalement, la sensibilité des ultrasons vis-à-vis de diverses évolutions du milieu est observée et les mesures relatives de vitesse assurent le suivi d'endommagement.

Dès lors, l'objectif de cette thèse est de répondre au besoin de modélisation des ondes cohérentes dans le béton par une étude de la propagation prenant en compte la diffusion multiple. Cette étude sera à la fois théorique et expérimentale afin de pouvoir valider les différents travaux. Il sera important de dégager les limites de l'étude et les perspectives d'amélioration associées. Le cas de mesures industrielles de l'endommagement thermique sera envisagé afin de satisfaire au besoin d'une application éventuelle.

Dans le premier chapitre, nous menons une étude détaillée du matériau et de son endommagement. Nous présentons l'ensemble des éléments entrant dans la composition puis nous étudions les mécanismes mis en jeu lors de l'application d'une contrainte thermique. Le béton se présente sous forme d'une matrice de ciment dans laquelle sont inclus des granulats dont les tailles varient du dixième de millimètre à quelques centimètres. Le développement des microfissures est isotrope et a lieu essentiellement dans la matrice de ciment et aux interfaces pâte/granulats. Nous traçons alors un état de l'art de la caractérisation du béton par ultrasons qui présente les principales études et permet de donner une direction d'étude vers les modèles de propagation dans les milieux diffusants.

Au deuxième chapitre, la propagation des ondes ultrasonores dans les milieux hétérogènes est étudiée. Nous présentons, tout d'abord, les équations de base de la diffusion multiple puis nous traitons le cas de la diffusion par un obstacle seul sur la base du formalisme de la T-Matrice. Les cas des obstacles sphériques et sphéroïdaux sont proposés. Une revue des modèles de milieux effectifs permet ensuite d'extraire ceux qui sont les mieux adaptés au cas du béton. Les modèles de Waterman-Truell et de l'Approximation Quasi-cristalline sont enfin détaillés et des extensions utiles au cas du béton sont présentées. Les relations entre les caractéristiques des diffuseurs et celle de l'onde cohérente ont ainsi pu être définies.

Le troisième chapitre aborde la présentation de l'ensemble de la chaîne de mesures. Après une description de l'ensemble du montage expérimental, un modèle de mesure par comparaison est proposé et nous montrons comment on s'affranchit des différents éléments qui peuvent perturber la mesure. Les champs lointains des capteurs sont utilisés et la divergence du faisceau est corrigée. L'étude des facteurs d'influence est menée et on aboutit à une validation des mesures de vitesse et d'atténuation par des mesures dans l'eau. Finalement, nous proposons un calcul d'incertitudes pour qualifier le degré de confiance que l'on peut attribuer à nos mesures.

Dans le quatrième chapitre, nous étudions l'influence de la granularité et de l'endommagement du béton sur les paramètres ultrasonores par l'analyse des résultats du modèle de Waterman-Truell et ceux expérimentaux obtenus sur des éprouvettes adaptées. Ces dernières présentent une approche incrémentale du degré de difficulté qui nous permet de procéder par étape dans la validation du modèle. Les comparaisons théorie-expérience montrent le bon accord obtenu pour le cas d'un endommagement simulé par des billes de polystyrène et les améliorations à apporter à la description de la granularité sont mises en évidence. Nous présentons alors une application au cas de l'endommagement thermique de bétons hautes performances et nous vérifions la validité du lien qui existe entre la mesure de vitesse de phase et celle industrielle effectuée par chronométrie. Nous finissons par une première approche du problème inverse qui répond à la question de la faisabilité d'une telle étude.

Nous dégageons finalement, dans la conclusion, les différentes avancées réalisées dans le domaine de la caractérisation ultrasonore du béton et les nombreuses perspectives d'étude tant scientifiques qu'industrielles.

Chapitre 1

Caractérisation non destructive de l'endommagement de bétons

La mise en œuvre d'une évaluation non destructive permettant de déterminer les caractéristiques physiques d'un milieu et leurs évolutions, nécessite souvent d'appliquer une sollicitation maîtrisée et d'observer les effets du milieu sur celle-ci. La recherche des relations de causes à effets et les possibilités d'inversion deviennent alors l'enjeu principal de la caractérisation du milieu.

Dans le cas de bétons thermiquement endommagés, le milieu d'étude est extrêmement complexe aussi bien au niveau de la composition du matériau que dans les évolutions qui s'opèrent lors du chargement thermique. Parvenir à l'évaluation d'endommagement passe par la définition la plus complète possible du matériau et des changements physiques et mécaniques liés à l'endommagement.

Dans ce chapitre, nous nous attachons, tout d'abord, à définir le béton et ses constituants ainsi que les évolutions physiques et chimiques observées lors d'endommagements thermiques. Nous présentons ensuite la démarche, appuyée par la bibliographie, qui nous a conduit au choix des ultrasons dans l'évaluation de l'endommagement. Enfin, nous établissons une revue des principales études concernant l'auscultation ultrasonore des bétons afin de dégager les directions à suivre pour améliorer la caractérisation de l'endommagement thermique.

1.1. Formulations de bétons

Le béton est un matériau composite formé de deux phases solides (figure 1.1): il se présente sous forme d'une matrice à base de ciment et d'inclusions rocheuses (60 à 70% en volume).

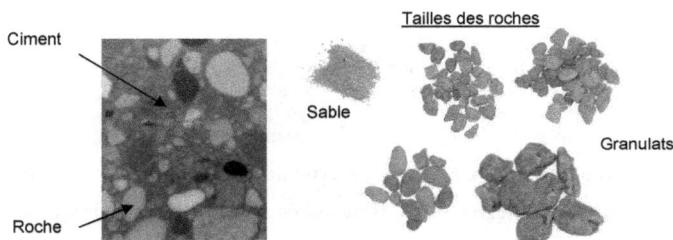

Figure 1.1: Le béton et ses constituants

Les constituants, leurs proportions ainsi que la cinétique de prise souvent liée à l'environnement, sont les principaux paramètres qui déterminent les caractéristiques physiques et mécaniques du béton durci [Dre 95]. Nous décrivons, dans ce premier paragraphe, l'ensemble des paramètres conduisant au matériau béton afin d'analyser et de comprendre les types de structures obtenues. Cette description est essentielle pour la compréhension des phénomènes mis en jeu lors d'une auscultation visant à évaluer la santé du milieu.

Dans le cadre de notre étude, nous nous attachons en particulier à décrire les bétons présentant de bonnes (bétons courants) voire de très bonnes (bétons hautes performances) caractéristiques mécaniques. Ce sont ceux qui, en général, composent les structures à ausculter telles que les enceintes de confinement dans les centrales nucléaires, les ponts ou les barrages.

6

1.1.1. Constituants

La fabrication du béton met en jeu un liant de type ciment, du sable, des gravillons et de l'eau. D'autres éléments, appelés adjuvants, complètent en faibles quantités la formulation. La réaction d'hydratation du ciment conduit à la solidification du matériau. Le tableau 1.1 propose un exemple standard de formulation d'un béton.

Constituants	Quantité (kg.m^{-3})
Ciment CPA CEM I 52,5	336
Sable 0/4 mm	746
Gravillons 3/16 mm	1145
Eau	168

Tableau 1.1: *Formulation classique d'un béton*

Le ciment, hydraté par l'eau, assure la cohésion du matériau. Le ciment anhydre est constitué principalement de silice (SiO_2), d'alumine (Al_2O_3), de chaux (CaO) et de sulfate de calcium ($CaSO_4$). La quantité d'eau dépend donc de la quantité de ciment et le rapport eau sur ciment (E/C) est une donnée caractéristique des formulations de béton. Il est en général compris entre 0,3 et 0,6. Les caractéristiques finales du béton dépendent, entre autres, de la valeur de ce rapport. Un exemple des caractéristiques d'un ciment durci est proposé dans le tableau 1.2.

Les granulats proviennent de rivières ou de carrières. Ils peuvent être de différentes dimensions et natures (roches calcaires, siliceuses ou silico-calcaires). Les caractéristiques physiques et mécaniques moyennes des matériaux couramment employés sont présentées dans le tableau 1.2.

Matériau	Masse volumique (kg.m^{-3})	Module d'élasticité (MPa)	Coefficient de Poisson
Roche	2600-2700	60000-70000	0,2-0,3
Ciment	2100	30000	0,22

Tableau 1.2: *Caractéristiques moyennes des roche et ciment*

Le principe de sélection des granulats réside dans le tamisage. Les tailles sont caractérisées par une grande dimension D et une petite dimension d correspondant aux tailles des mailles des tamis utilisés. Selon Dreux [Dre 95], la fabrication du béton permet d'assurer que moins de 30% des granulats inclus dans la formulation présentent un rapport D/d supérieur à 1,58. Notons qu'un granulat qui est passé au travers d'un tamis de dimension D peut avoir une dimension supérieure à D dans la direction perpendiculaire de passage dans le tamis.

Ces granulats sont ordonnés par classes granulaires. Le classement simplifié en fonction de d et D est donné dans le tableau 1.3.

Classe		Dimension (mm)		
Sablons	0/D		D < 1	
Sables	0/D		1 < D < 6,3	
Gravillons	d/D	d ≥ 1 et	D ≤ 125	

Tableau 1.3: *Classes granulaires (d'après [Gra 97])*

En règle générale, les tailles des granulats employés dans les formulations courantes restent inférieures à 25 mm, notamment dans les formulations présentant des caractéristiques élevées. De plus la continuité des tailles n'est que rarement rompue. Avec les grains de ciment qui sont de l'ordre de quelques centièmes de millimètre, le béton présente la particularité d'offrir une gamme très complète de tailles. Ceci permet de minimiser les espaces vides dans le matériau (figure 1.2) et d'optimiser les caractéristiques générales.

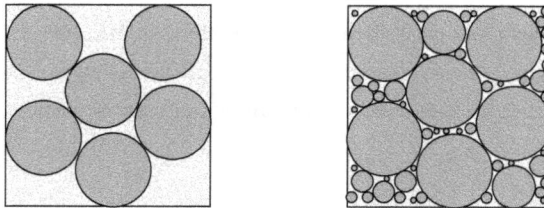

Figure 1.2: *Répartition de taille dans les matériaux*

Certaines formulations utilisent des adjuvants qui améliorent ou accentuent des paramètres tels que la maniabilité (aptitude à remplir correctement le volume) ou certaines caractéristiques comme la résistance mécanique ou la résistance au gel.

Les bétons présentant de très bonnes caractéristiques mécaniques, qualifiés de Bétons à Hautes Performances (BHP), contiennent, en plus des éléments précités, des fumées de silice. Ce sont des grains de silice dont la dimension est cent fois plus petite que celle des grains de ciment. Ainsi l'étendue des tailles est élargie et les espaces vides sont réduits. La résistance mécanique est alors largement améliorée.

1.1.2. Prise du béton

La prise du béton met en jeu des mécanismes chimiques, mécaniques et thermiques. Elle correspond au passage de l'état d'un mélange souple de corps solides et liquides à un ensemble solide composé essentiellement de deux phases: une matrice de ciment et des inclusions de roche.

Les caractéristiques du béton durci vont dépendre de la formulation mais aussi de la cinétique de prise. Celle-ci dépend essentiellement du rapport E/C, des adjuvants employés et des conditions environnantes telles que la température ou le taux d'humidité relative. De ce rapport dépend la cinétique d'hydratation des grains anhydres (silicates et aluminates de calcium) qui influent sur les propriétés du ciment durci.

Le matériau devient solide dès le premier jour de fabrication, mais les caractéristiques physiques et mécaniques continuent d'évoluer dans le temps. C'est à 28 jours que l'on considère que le béton a atteint des caractéristiques stabilisées.

Une partie de l'air, présent lors de la fabrication, reste emprisonnée dans la pâte de ciment ou aux interfaces pâte/granulats sous forme de pores. Le taux de porosité est généralement compris entre 10 et 25% et les dimensions des pores varient de l'angström au dixième de micromètre [Cor 95, Gra 96]. Ces pores, initialement présents, influent sur les caractéristiques du béton mais aussi sur leurs évolutions lors de sollicitations.

1.1.3. Principales caractéristiques des bétons

La diversité des solutions en terme de choix des matériaux, de proportions de chacun d'entre eux, des conditions et cinétiques de prise, permet d'obtenir différentes formulations de bétons de caractéristiques très variables adaptées à des applications particulières. Notre étude s'intéresse au cas de bétons courants et au cas de bétons à hautes performances, qui représentent la majorité des structures auscultées.

Le béton est souvent soumis à des sollicitations de compression. La grandeur mécanique la plus utilisée pour le caractériser est par conséquent la résistance à la compression R_c. Aujourd'hui, si cette grandeur reste la première donnée mécanique du béton, l'élasticité est également caractérisée à travers le module de Young E et le coefficient de Poisson ν.

La complexité du matériau et la diversité des cas d'utilisation ont conduit à une approche empirique de l'étude du comportement du matériau face aux conditions d'utilisation. Il en résulte un grand nombre d'essais de caractérisation tels que la résistance à la compression, la perméabilité, le taux de porosité, les observations microstructurales ou encore les essais de capacité de résistance à diverses agressions (cycles gel-dégel, salinité, attaque chimique, ...).

A titre d'exemple, les caractéristiques physiques et mécaniques des bétons courants et à hautes performances sont présentées dans le tableau 1.4, où l'on peut observer la variabilité des caractéristiques mécaniques obtenues en fonction des formulations utilisées.

Type de béton	Masse volumique (kg.m^{-3})	R_c (MPa)	E (MPa)	ν
Courant	2200-2400	30 à 50	20000-40000	0,18-0,28
Hautes Performances	2300-2500	50 à 100	40000-55000	0,18-0,28

Tableau 1.4: *Caractéristiques mécaniques des bétons*

1.2. Endommagement des bétons

Durant le cycle de vie des structures, le béton subit les diverses contraintes liées à son environnement. Il en résulte une évolution des caractéristiques initiales et le potentiel de vie restant doit alors faire l'objet d'une évaluation.

Le terme endommagement peut être défini comme une altération des caractéristiques physiques et mécaniques du matériau. Nous présentons les principaux types de dégradation et les conséquences physiques observées dans le matériau, puis nous traitons plus en détails le cas qui nous intéresse directement, c'est-à-dire l'endommagement thermique.

1.2.1. Différents types d'endommagements

Refai [Ref 92] étudie les différents types d'endommagement. Il montre que ceux-ci ont des origines différentes qui peuvent être de nature chimique, thermique ou mécanique. Ils conduisent souvent à la fissuration des bétons.

Les endommagements d'origine chimique sont l'alcali-réaction, la cristallisation des sels dans les pores, les attaques du ciment par les sulfates ou la dissolution des sels du ciment. Pour les trois premiers cas, il est observé des variations de volume qui conduisent à la microfissuration puis à la fissuration du béton. Dans le dernier cas, le taux de porosité augmente et une perméabilité importante apparaît.

Les sources thermiques d'endommagement du béton sont les cycles gel-dégel qui provoquent le gel de l'eau restée dans les pores, et l'élévation de température qui agit principalement sur le taux d'hydratation du matériau et les mouvements d'eau dans le béton. Ces endommagements ont les mêmes effets et induisent une microfissuration isotrope du matériau répartie dans tout le volume.

Les endommagements par contraintes mécaniques concernent les chargements statiques classiques (compression essentiellement) et les cas de fatigue des matériaux. L'issue générale est encore une fois la microfissuration du béton qui peut présenter suivant les cas un caractère local ou réparti dans le volume, isotrope ou non.

Dans l'ensemble de ces cas d'endommagement, le principal mode de dégradation est la microfissuration. Elle est accompagnée d'une chute, plus ou moins importante, des caractéristiques mécaniques initiales.

1.2.2. Endommagement thermique

Nous traitons dans ce paragraphe les analyses des évolutions microstructurales du matériau ainsi que quelques modèles thermo-mécaniques permettant de décrire le comportement mécanique de bétons soumis à des températures élevées. Ces diverses études nous permettent de comprendre les mécanismes de transformation s'opérant dans le milieu et d'analyser les conséquences physiques et mécaniques. Cette analyse conduira au choix de la technique d'auscultation puis à l'orientation de l'étude de celle-ci.

L'endommagement thermique qui nous concerne est limité à des températures maximales de 200 à 250°C. L'étude bibliographique porte, cependant, sur toute l'étendue des températures afin de cerner les phénomènes mis en jeu sur la totalité de leurs évolutions.

1.2.2.1. Evolutions microstructurales

Les diverses études sont en accord dans la description globale de l'évolution de la structure et, seules des légères différences sur les limites des transformations sont observées. Les principales étapes du processus d'endommagement sont l'évaporation de l'eau non liée jusqu'à environ 100°C et la déshydratation des principaux composants c'est à dire les Silicates de Calcium Hydratés (CSH).

Grattan-Bellew [Gra 96] présente une microstructure stable jusqu'à 400°C puis intervient entre 400°C et 600°C la déshydratation des composants. Selon l'auteur, ce phénomène est accompagné d'une diminution de volume et conduit à la microfissuration.

Par des mesures de porosité sur des bétons classiques, Vydra [Vyd 01] définit un volume total de "pores" qui regroupe les pores présents dès la formulation initiale et les microfissures ou pores initiés dans le milieu. Il montre que ce volume croît dès les basses températures (20°C environ) jusqu'à des températures de l'ordre de 500°C puis décroît au-delà de cette température. Il attribue l'origine de la croissance du volume à l'apparition puis l'augmentation de la microfissuration dans le milieu. A 500°C, il apparaît la transformation chimique de déshydratation des hydroxydes de calcium (équation 1.1).

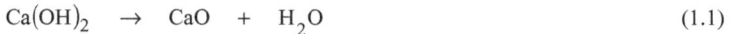

$$Ca(OH)_2 \quad \rightarrow \quad CaO \quad + \quad H_2O \qquad\qquad (1.1)$$

A cette température, la structure du ciment change, les dimensions caractéristiques des cristaux diminuent et l'eau résultant de la réaction s'évapore rapidement. La microstructure évolue fondamentalement et l'auteur présente cela comme l'origine de la décroissance du volume des "pores" défini précédemment.

L'augmentation du taux de porosité est observée par Luo [Luo 00] pour différentes formulations de bétons courants et à hautes performances soumis à des températures de 800 et 1100°C. Les taux de porosité sont plus importants à 800°C qu'à 1100°C, ce que confirme l'étude de Vydra.

Handoo [Han 02] observe, sur un béton courant de résistance à la compression de 36 MPa, que les changements mécaniques les plus significatifs s'opèrent à partir de 300°C et que ces changements sont liés à la microfissuration. Les dégradations s'accentuent à partir de 500°C et la décomposition de la structure débute à 700°C en surface. A 1000°C, la détérioration est totale. La mesure du taux d'hydroxydes de calcium (Ca(OH)$_2$) par diffraction des rayons X montre une chute de ce taux dès 200°C en surface, puis une accélération de cette chute entre 400 et 500°C.

L'effet de l'ajout dans la formulation des fumées de silice, utilisée pour les bétons hautes performances, est étudié par Saa [Saa 96]. Il observe par diffraction des rayons X que des formulations de bétons ordinaires sont stables jusqu'à des températures de 400°C. Ces mêmes formulations dans lesquelles ont été ajoutées des fumées de silice conduisent à la déshydratation des calciums et silicates hydratés à plus basses températures et peuvent présenter des microfissures dès 105°C.

Pour le cas qui nous intéresse directement, les observations d'Hasni [Has 01] concernant un béton à hautes performances de résistance à la compression R$_c$ de 90 MPa soumis à deux températures différentes (20 et 200°C) montrent une évolution marquée de la microfissuration entre les deux états. Par analyse de diffraction des rayons X, il n'apparaît pas

13

de transformation significative des composants.

Nous proposons deux macrographies (figure 1.3) que nous avons réalisées sur ces mêmes bétons et sur lesquelles nous avons reporté les taux linéiques de microfissures mesurés par Hasni.

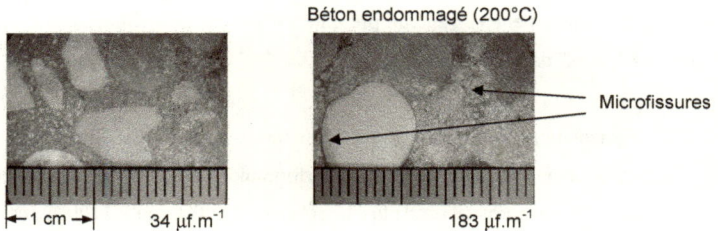

Figure 1.3: *Observation de la microfissuration*

Le développement de la microfissuration est clairement observé à 200°C. Il n'y a aucune orientation privilégiée. Les fissures apparaissent dans la matrice de ciment et aux interfaces ciment-granulats, rarement dans les granulats. La densité linéique est en forte augmentation entre les deux états observés. Les tailles et ouvertures n'ont pas été évaluées mais les fissures observées peuvent atteindre quelques millimètres de longueur. On peut dire que leurs ouvertures restent largement inférieures au millimètre.

Nous pouvons ajouter que pendant les phases d'évaporation de l'eau, des migrations d'eau s'opèrent dans le milieu, ce qui peut donner lieu [Cor 95] au développement de microfissures. Ce point n'est pas explicitement traité dans la littérature mais l'augmentation du volume des "pores" mesurée par Vydra dès 20°C et la présence de microfissures observée par Hasni peuvent être liées à de tels mouvements.

Le béton soumis à des chargements thermiques présente au niveau microstructural une évolution marquée par l'apparition et l'augmentation de la microfissuration dès les premières élévations de température. Les mécanismes qui conduisent à la microfissuration sont liés à la déshydratation du milieu avec une première phase où l'eau non liée au ciment s'évapore (jusqu'à 100°C environ) puis une phase d'évaporation de l'eau liée avec les composants à partir de 300 à 500°C. Cette dernière phase se poursuit jusqu'à la ruine de la structure.

Ringot [Rin 01] montre l'importance de la microfissuration dans les différents modes de dégradation que peut subir le béton et analyse les moyens d'observation. Il souligne les difficultés de caractérisation des microfissures dans l'espace (forme, taille, ouverture, densité volumique) alors que les modèles théoriques d'endommagement utilisent précisément ces paramètres.

1.2.2.2. Comportement thermo-mécanique

Deux approches sont définies dans la bibliographie: celle expérimentale qui consiste à suivre l'évolution de la résistance à la compression et celle théorique qui propose de modéliser le comportement thermo-mécanique avec endommagement des bétons.

Approche expérimentale

La chute de résistance à la compression est observée par Handoo [Han 02]. Elle devient conséquente vers 600°C et conduit à la ruine vers 1000°C. Luo [Luo 00] compare deux refroidissements plus ou moins rapides dans le temps après des températures de chauffe de 800 et 1100°C. Les résistances à la compression ont fortement diminué après un chauffage à 800°C et un refroidissement plus rapide accentue cette diminution. Pour les échantillons soumis à 1100°C, les résistances à la compression sont quasiment nulles selon les spécimens et les types de refroidissement ne semblent pas influer sur ces valeurs.

De manière générale, ces études permettent, à travers le suivi de la résistance à la compression en fonction de la température, le suivi de la chute des performances mécaniques du matériau et mettent en évidence les liens entre ces chutes et les modifications microstructurales effectives. Elles n'ont un potentiel prédictif que dans la mesure où un carottage de la structure en béton est possible.

Approche théorique

Les modèles de comportement thermo-mécanique étudiés dans la littérature [Mou 02, Nec 02] sont des modèles globaux incluant dans les lois de comportement une variable d'endommagement qui agit principalement sur les caractéristiques du domaine élastique. Le comportement est supposé isotrope.

Classiquement, un paramètre d'endommagement thermique (D_{therm}) est défini afin de prévoir l'évolution du module d'élasticité (E) du matériau:

$$E = E_0 . \left(1 - D_{therm}\right) \qquad (1.2)$$

où E_0 est le module d'élasticité du matériau sain. D_{therm} varie de 0 à 1, la valeur 0 correspond à un endommagement nul et la valeur 1 à la rupture de la structure.

Pour le cas d'endommagement thermique, Mounajed [Mou 02] détermine la variable D_{therm} par simulation numérique basée sur une approche thermodynamique intégrant une loi d'endommagement. Il obtient D_{therm} dépendant de la température et trace son évolution pour un béton "numérique". Il observe trois zones d'évolution du paramètre: une première zone (allant de 20° à 150-200°C) où la variable augmente légèrement depuis 0 jusqu'à 0,1 puis une seconde zone (jusqu'à 250°C) de forte croissance où D_{therm} passe à 0,45 environ pour 250°C enfin, dans la troisième zone (jusqu'à 500°C), nous retrouvons de nouveau une évolution plus douce et D_{therm} atteint 0,55 environ à 500°C. La suite de la courbe n'est pas proposée. L'auteur conclut sur l'accord qualitatif général observé entre les données simulées et celles obtenues expérimentalement dans des bétons.

Nechnech [Nec 02] propose un modèle couplé d'endommagement mécanique et thermique et définit la variable D_{therm} sur le même principe (équation 1.2). Il l'évalue expérimentalement par des mesures de module d'élasticité sur des échantillons soumis à différentes températures. L'évolution de D_{therm} en fonction de la température, pour un béton ordinaire (R_c = 30 MPa), est croissante et quasiment linéaire entre 20 et 600°C depuis 0 jusqu'à 0,9. Après 600°C la valeur de la pente devient plus faible.

Dans le cadre plus général d'endommagement de bétons par microfissuration, François [Fra 95] présente un modèle de comportement mécanique avec endommagement sur le même principe (équation 1.2). La variable d'endommagement peut être définie expérimentalement sur un essai simulant le type d'endommagement souhaité (traction, compression, contrainte thermique, etc…). Dans les cas anisotropes, les relations peuvent être étendues à une écriture tensorielle dans le repère principal des contraintes.

L'endommagement thermique induit donc, au niveau mécanique, une baisse générale des caractéristiques telles que la résistance à la compression ou le module d'élasticité du matériau. Expérimentalement, la résistance à la compression décroît avec l'élévation de température. Vers 1000°C, les valeurs mesurées sont faibles et indiquent la proximité de la ruine de la structure. Les modélisations de comportement thermo-mécanique intègrent ces évolutions en introduisant une variable d'endommagement isotrope qui affaiblit le module d'élasticité du béton.

1.3. Potentiel des méthodes ultrasonores

Nous proposons une revue des méthodes non destructives qui permet de dégager le potentiel de chacune d'entre elles face aux diverses informations recherchées. Les équations de base, sur lesquelles reposent les méthodes ultrasonores, sont définies afin de comprendre comment les ondes ultrasonores peuvent apporter des solutions aux problèmes posés.

1.3.1. Méthodes non destructives

Les techniques de caractérisation non destructive de bétons sont nombreuses. Nous appuyons notre étude sur deux revues critiques des méthodes les plus couramment utilisées [Cor 95, Mcc 01] et sur un rapport de l'agence de l'énergie nucléaire [Nea 98]. Les deux articles permettent d'établir le potentiel de chaque technique face aux problématiques du béton. Le rapport définit les priorités dans le développement des auscultations non destructives des structures en bétons.

Les techniques non destructives les plus couramment employées pour l'auscultation des bétons sont les contrôles visuels, la thermographie, les méthodes radar, les radiographies X et γ, et les méthodes acoustiques. Chaque technique présente des coûts économiques et logistiques différents ainsi que des solutions plus ou moins performantes faces aux problèmes posés.

Les méthodes visuelles restent limitées à la détection et la caractérisation de défauts surfaciques. La thermographie permet la localisation de vides ou des barres [Man 95], mais est très sensible au taux d'humidité [Sto 95].

Les méthodes micro-ondes et radiographiques sont actuellement les plus performantes pour les localisations et le dimensionnement de barres [Pic 89, Tho 93]. Elles présentent également de bonnes aptitudes pour l'examen de vides de grandes dimensions (à partir du centimètre). La radiographie conduit à la détection de corrosion sur les barres mais ce sont de loin les techniques les plus coûteuses. L'évaluation du taux d'humidité est possible par micro-ondes [Les 95]. Ces techniques permettent les mesures d'épaisseur de pièces [Mas 95]. Par contre, les fissures ne peuvent être détectées que pour des orientations particulières par rapport à la source d'énergie.

Les méthodes ultrasonores présentent de très bonnes aptitudes à la mesure d'épaisseur [Pop 94], à la détection de vides et fissures [Lin 91] et à la caractérisation des propriétés mécaniques du matériau [Bou 96, Sel 98]. Leur nature permet d'établir le lien entre les paramètres ultrasonores et les variables globales de la mécanique des matériaux. L'évolution de la microstructure du béton conduit à des modifications géométriques et physiques du milieu qui influent sur les caractéristiques mécaniques et ultrasonores. Ce sont les seules techniques potentiellement capables de fournir des renseignements sur un endommagement global de la structure.

1.3.2. Méthodes ultrasonores

La caractérisation par ultrasons est souvent utilisée car elle présente de nombreux avantages (facilité de mise en œuvre, non accessibilité obligatoire aux deux faces d'une pièce, bonne adaptation aux orientations naturelles de la plupart des défauts, possibilité de traverser de fortes épaisseurs, lien avec les caractéristiques mécaniques du matériau, ...), mais elle a quelques inconvénients tels que la nécessité de coupler le transducteur à la pièce, la grande sensibilité de la propagation des ultrasons aux degrés d'hétérogénéité ou d'anisotropie du matériau ou des paramètres variables liés aux conditions de mesure telles que la température, le taux d'humidité, l'état de contrainte du matériau.

Les ondes couramment utilisées (figure 1.4) sont les ondes de compression (ou longitudinales), les ondes de cisaillement (ou transversales) et les ondes de Rayleigh.

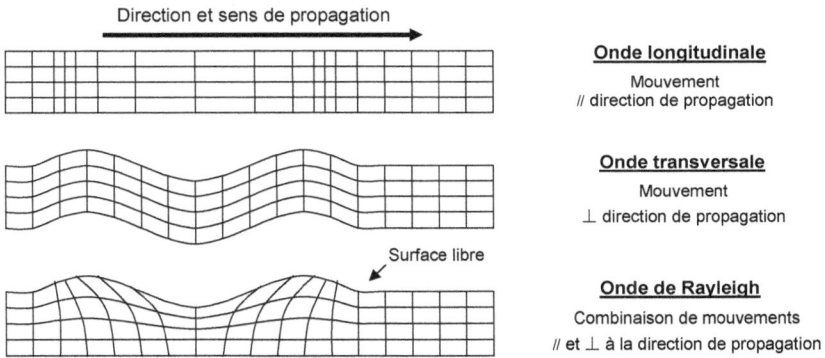

Figure 1.4: *Différents types d'ondes ultrasonores*

Les ondes de compression et de cisaillement sont des ondes dites de volumes alors que les ondes de Rayleigh sont des ondes de surface qui résultent de l'interaction d'ondes de compression et de cisaillement avec une surface libre. La zone explorée dépend alors de la fréquence de l'onde et reste à proximité de la surface libre.

Nous décrivons les équations relatives aux ondes de volumes pour le cas d'un milieu homogène, élastique, linéaire et isotrope. Pour un milieu de masse volumique ρ l'équation du mouvement s'écrit:

$$\vec{\nabla}.\overline{\overline{\sigma}} - \rho.\frac{\partial^2 \vec{u}}{\partial t^2} = 0 \qquad (1.3)$$

Le tenseur de contraintes $\bar{\bar{\sigma}}$ est lié aux vecteurs de déplacement $\bar{u}$ par la loi de Hooke en milieu isotrope de coefficients élastiques E et ν:

$$\bar{\bar{\sigma}} = \frac{E}{(1+\nu)} \left[\frac{\nu}{(1-2.\nu)} . \bar{\bar{I}}.\vec{\nabla}.\bar{u} + \frac{1}{2}\left(\bar{\bar{\nabla}}(\bar{u}) + \bar{\bar{\nabla}}^t(\bar{u}) \right) \right] \qquad (1.4)$$

En terme de déplacement $\bar{u}$, l'équation de propagation s'écrit:

$$\rho.\frac{\partial^2 \bar{u}}{\partial t^2} - \frac{E.(1-\nu)}{(1+\nu).(1-2.\nu)} . \vec{\nabla}(\vec{\nabla}.\bar{u}) + \frac{E}{2.(1+\nu)} . \vec{\nabla} \times (\vec{\nabla} \times \bar{u}) = 0 \qquad (1.5)$$

Le déplacement des particules se décompose par les potentiels scalaires φ (onde longitudinale) et ψ et χ (ondes transversales dans deux plans de polarisation perpendiculaires):

$$\bar{u} = \vec{\nabla}(\varphi) + \vec{\nabla} \times \left(\vec{\nabla} \times (\psi.\bar{r}) \right) + \vec{\nabla} \times \left(\vec{\nabla} \times \left(\vec{\nabla} \times (\chi.\bar{r}) \right) \right) \qquad (1.6)$$

Les équations 1.5 et 1.6 conduisent aux équations de Helmoltz que vérifient les potentiels scalaires, la dépendance temporelle en $e^{-i.\omega.t}$ est omise:

$$\left(\nabla^2 + k_\ell^2 \right)\varphi = 0 \qquad (1.7)$$

$$\left(\nabla^2 + k_t^2 \right)\psi = 0 \qquad (1.8)$$

$$\left(\nabla^2 + k_t^2 \right)\chi = 0 \qquad (1.9)$$

Les nombres d'ondes longitudinale (k_ℓ) et transversales (k_t) s'écrivent:

$$k_\ell = \frac{\omega}{c_\ell} \qquad (1.10)$$

$$k_t = \frac{\omega}{c_t} \qquad (1.11)$$

où ω est la pulsation d'onde égale à $2.\pi.f$ (f étant la fréquence),

   c_ℓ et c_t sont les vitesses de l'onde de compression (longitudinale) et

   des ondes de cisaillement (transversales).

Ces vitesses sont liées aux coefficients élastiques par les relations:

$$c_\ell = \sqrt{\dfrac{E.(1-\nu)}{\rho.(1+\nu).(1-2.\nu)}} \qquad (1.12)$$

$$c_t = \sqrt{\dfrac{E}{2.\rho.(1+\nu)}} \qquad (1.13)$$

Les relations entre les caractéristiques mécaniques et les vitesses des ondes présentent des formes simples qui se compliquent rapidement lorsqu'on s'éloigne des hypothèses de base. A une échelle macroscopique dans le béton, ces équations restent valables et peuvent être utilisées afin d'évaluer ses caractéristiques mécaniques. La détermination des relations entre les paramètres mécaniques ou ultrasonores et ceux géométriques, physiques ou chimiques liés aux modifications devient l'enjeu de la caractérisation du milieu.

L'existence d'un lien entre les ultrasons et les propriétés mécaniques globales du matériau est assurée et les méthodes ultrasonores apparaissent comme les mieux adaptées face à cette problématique.

1.4. Etude bibliographique de la caractérisation ultrasonore des bétons

Dans le génie civil, nous observons actuellement une utilisation croissante des moyens de mesures ultrasonores malgré les difficultés d'interprétation rencontrées. Les différentes études menées sur l'auscultation des bétons sont décrites dans la suite de ce paragraphe afin de dégager une direction d'étude à suivre concernant l'évaluation de l'endommagement thermique des bétons.

1.4.1. Milieu dispersif et atténuant

Nous avons montré que le béton est un matériau hétérogène au niveau de sa formulation ainsi qu'au niveau de son endommagement qui se présente sous forme de microfissures. La description de la propagation des ondes dans ce milieu est de ce fait d'autant plus complexe à mettre en œuvre. De manière générale, le béton est considéré comme un matériau dispersif et atténuant (figure 1.5).

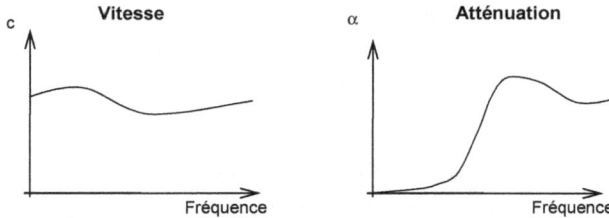

Figure 1.5: *Exemple de comportement d'une onde dans un milieu dispersif et atténuant*

La dispersion fréquentielle des grandeurs d'observation (c et α) et la forte atténuation des ondes sont clairement mises en évidence dans la littérature par diverses études expérimentales [Gay 92, Sel 98, Ver 01]. L'importance de l'influence de la fréquence de l'onde est soulignée et le domaine classiquement exploitable s'étend de 20 kHz à 1 voire 2 MHz. L'atténuation dans le béton est généralement croissante avec la fréquence et avec l'endommagement.

Les causes conduisant à la dispersion et à l'atténuation des ondes ultrasonores dans le béton ne sont pas toujours bien identifiées. La plus importante est cependant la transformation de l'onde sur les hétérogénéités qui conduit à la dispersion spatiale d'une partie de l'onde incidente. Ce phénomène est appelé diffusion (figure 1.6), il est observé expérimentalement, dans le béton, par un grand nombre d'auteurs dont Frohly [Fro 82], Garnier [Gar 00] et Anugonda [Anu 01]. De manière générale, plus la fréquence est grande, plus la diffusion est importante.

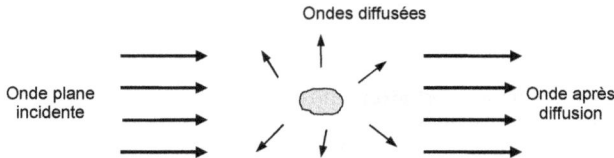

Figure 1.6: *Diffusion des ondes par un obstacle*

22

La seconde cause évoquée [Fro 82, Gay 92, Gar 00] est le phénomène d'absorption dont la mise en évidence expérimentale est difficile voire impossible pour le moment de part la coexistence de la diffusion et l'absorption. Gaydecki [Gay 92] identifie des lois empiriques polynomiales de l'atténuation en fonction de la fréquence qui tendent à montrer qu'une partie de l'atténuation est bien liée à l'absorption.

De part la densité importante d'inclusions présentes dans le béton, la diffusion tient une grande place et la diffusion multiple (figure 1.7) ne peut être négligée. Ce phénomène conduit à la création d'ondes incohérentes [Fro 82, Tou 99] dans nos milieux où les positions de diffuseurs sont aléatoires.

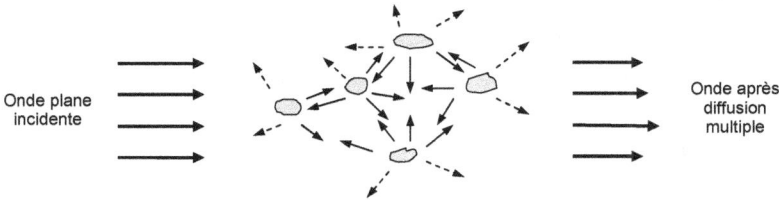

Figure 1.7: *La diffusion multiple*

La figure 1.8 correspond aux signaux reçus après transmission, d'un même groupe d'ondes incidentes, dans une éprouvette d'acier et dans une éprouvette de béton sur une longueur proche de 70 mm. La fréquence centrale du groupe d'ondes ultrasonores incidentes est de 1 MHz, les amplitudes des signaux sont normalisées par rapport à la valeur maximale d'amplitude de l'écho dans l'acier.

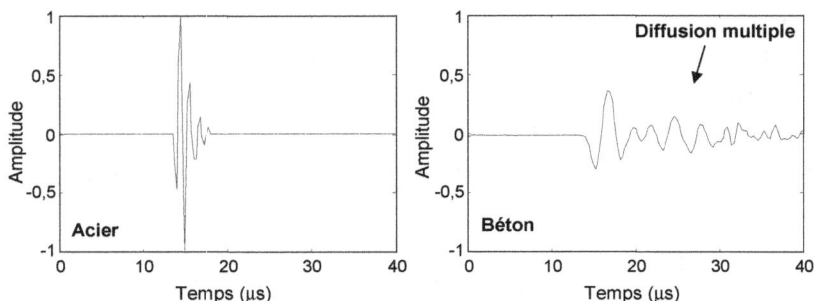

Figure 1.8: *Observation des effets de la diffusion multiple sur une onde transmise*

Le phénomène de diffusion est observable par la présence d'échos de faibles amplitudes temporellement décalés par rapport à l'écho direct. De plus, le signal reçu, après traversée du béton, présente une période moyenne d'oscillation supérieure à celle du signal correspondant à l'acier. Ceci montre que la fréquence moyenne du signal est largement inférieure à 1 MHz.

La description des ondes cohérentes est traitée dans la littérature par les équations de propagation portant sur l'amplitude des ondes alors que celles des ondes incohérentes passent par une description en énergie utilisant l'équation de diffusion des ondes [Tou 99]. Bien que les deux types d'ondes existent dans le béton, les ondes cohérentes sont les plus exploitées. Seul Anugonda propose une exploitation, dans ce milieu, des ondes incohérentes qui permet de déterminer le coefficient de diffusivité des ondes. Les résultats expérimentaux moyens sont en accord avec les données théoriques mais les variations obtenues sur les mesures sont importantes. Ceci peut s'expliquer par le faible niveau d'énergie des ondes incohérentes.

1.4.2. Détection de défauts

Ce domaine fait l'objet de vastes études selon le type de défauts recherchés. Nous limitons volontairement notre présentation à quelques exemples qui illustrent les types de problèmes rencontrés dans le cas d'auscultation de structure en béton [Pop 94]. La plus connue est l'Impact-Echo (figure 1.9) développée par Carino [Car 86, Lin 91]. Elle consiste à analyser le signal, notamment en fréquence, après application, sur la structure, d'un choc généré par un marteau ou une bille.

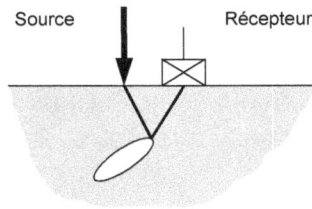

Figure 1.9: *La méthode d'auscultation Impact-Echo*

Connaissant ou mesurant la vitesse (V) des ondes dans le milieu, il est alors possible de remonter à la profondeur (p_d) du défaut par la mise en résonance de la structure:

$$p_d = \frac{V}{2.f_r} \qquad (1.14)$$

où f_r est la fréquence de résonance déterminée par l'analyse fréquentielle.

La détection de position de barres de renfort ou la détection de corrosion de celles-ci peuvent être étudiées [Lia 01], tout comme la caractérisation de fissures [Oht 98] et le suivi de leurs croissances [Van 98].

Les fréquences généralement utilisées pour la détection de défauts sont de l'ordre de quelques dizaines de kiloHertz pour s'affranchir des problèmes liés à la diffusion des ondes et limiter ainsi le bruit de structure qui perturbe la lisibilité des informations concernant le défaut.

1.4.3. Suivi du temps de prise

Le passage de l'état pâteux à l'état solide du béton lors de l'hydratation du ciment a fait l'objet d'études concluantes. La vitesse des ondes ultrasonores est sensible au phénomène de solidification et son évolution pendant le temps de prise est caractéristique du degré de solidification [Gar 95, Bou 96]. L'utilisation d'ondes à basse fréquence est nécessaire.

Garnier [Gar 95] propose un modèle d'évolution de la vitesse des ondes longitudinales,

V_{tp}, pendant le temps de prise dans le matériau:

$$V_{tp} = p.V_{solide} + (1 - p).V_p \tag{1.15}$$

où V_{solide} est la vitesse des ondes dans le matériau solide, V_p est la vitesse des ondes dans le matériau initial (pâteux) et p est le taux de percolation que l'on peut lier au nombre de connexions solides dans le matériau. Il est déterminé par optimisation.

La vitesse mesurée (figure 1.10) est obtenue par le rapport de la distance sur le temps de transit pour un montage en transmission en régime impulsionnel pour une fréquence centrale de 24 kHz sur un béton courant.

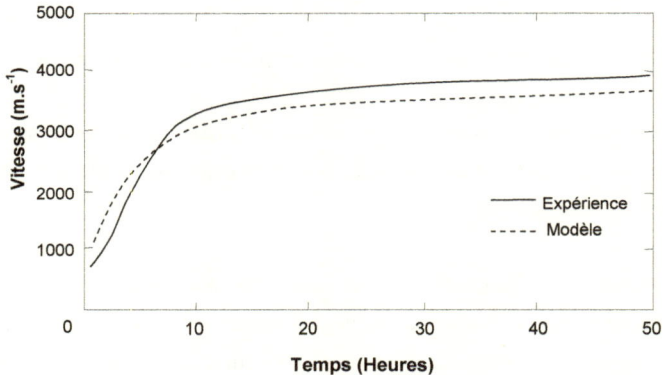

Figure 1.10: *Evolution de la vitesse ultrasonore en fonction du temps de prise (d'après [Gar 95])*

La mesure de vitesse montre un comportement croissant avec le temps de prise depuis quelques centaines de m.s^{-1} jusqu'à 4000 m.s^{-1} pour le béton durci. La croissance est marquée sur les dix premières heures puis s'atténue jusqu'à une valeur de vitesse quasiment stable à partir de cinquante heures environ. Le modèle de vitesse proposé est en bon accord avec les mesures.

En parallèle, l'évolution fréquentielle est suivie et montre un comportement avec des points singuliers correspondant à des évolutions chimiques et microstructurales majeures dans le phénomène de prise. Le délai de maniabilité peut ainsi être évalué.

Boumiz [Bou 96] suit simultanément les évolutions des vitesses des ondes longitudinales et transversales pour des fréquences centrales de 200 à 300 kHz. Il utilise les équations dans les milieux homogènes élastiques et isotropes pour calculer l'évolution du module d'élasticité pendant le temps de prise. Des relations empiriques sont établies entre les paramètres chimiques et mécaniques. Les mêmes types d'évolutions que celles de Garnier sont obtenus pour les vitesses des ondes longitudinale et transversales. Le module d'élasticité évolue de 0 à 18 MPa sur les vingt premières heures et le coefficient de Poisson passe de 0,5 à 0,25 dans le même temps.

1.4.4. Evaluation des propriétés du matériau

Caractériser le matériau et l'évolution de ses propriétés rejoint directement notre problématique de caractérisation globale de l'endommagement thermique. Hormis Schubert [Sch 98] qui utilise un code par éléments finis pour modéliser la propagation dans le béton, les études restent exclusivement expérimentales mais permettent de mettre en évidence la sensibilité des ondes ultrasonores. La modélisation numérique de Schubert montre pour l'instant ses limites face au degré de complexité du matériau.

1.4.4.1. Caractérisation du taux de porosité et rapport eau/ciment

Des mesures du taux de porosité sont corrélées à celles de la vitesse et de l'atténuation des ondes ultrasonores [Ver 01] pour une fréquence centrale de 1 MHz et pour des éprouvettes de pâte de ciment pur. Des diminutions de l'ordre de 12% sur les valeurs de vitesse et des augmentations importantes (> 100%) de l'atténuation sont observées pour des variations du taux volumique de porosité de 16 à 22%.

Ce taux de porosité est lié au rapport Eau/Ciment introduit dans la formulation. Il est donc possible par mesure de vitesses de retrouver la valeur de ce rapport [Phi 02]. Des relations empiriques (figure 1.11) sont établies entre le rapport E/C et la vitesse des ondes longitudinales pour des bétons de résistance à la compression de 50 MPa.

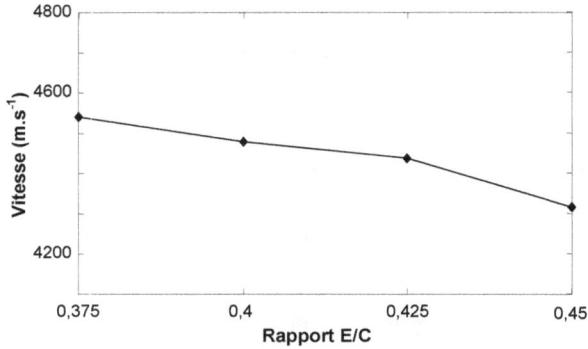

Figure 1.11: *Evolution de la vitesse ultrasonore avec le rapport E/C (d'après [Phi 02])*

Les évolutions de vitesse sont de l'ordre de 5% pour une valeur du rapport allant de 0,375 à 0,45. Cette courbe montre l'importance de la formulation sur les valeurs des vitesses ultrasonores.

1.4.4.2. Suivi d'endommagements chimiques

Divers types d'endommagement sont suivis avec succès par mesures ultrasonores. L'endommagement isotrope et uniforme induit par l'alcali réaction [Gar 00] d'un béton courant est suivi par des mesures de vitesse et des images temps-fréquence (figure 1.12). Deux spécimens sont étudiés: un dans lequel l'alcali-réaction est accélérée et un de référence de même composition mais pour lequel la réaction n'est pas déclenchée.

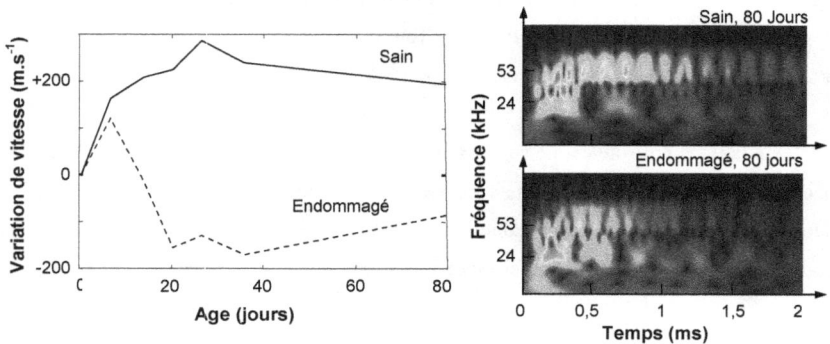

Figure 1.12: *Suivi de l'alcali-réaction par ultrasons (d'après [Gar 00])*

Les variations de vitesse ultrasonore sont calculées par rapport à une valeur de référence choisie au début de l'alcali-réaction. Les différentes évolutions des vitesses mesurées dans les échantillons sain et endommagé montrent des comportements marqués qui permettent à partir du vingtième jour de réaction d'assurer la détection de l'endommagement.

Les images temps-fréquence sont obtenues pour les échos transmis et réfléchis sur les bords, pour un tir ultrasonore suivant l'axe d'éprouvettes cylindriques $\varnothing$160x320 mm à 80 jours de réaction. Les échelles de couleurs représentent les amplitudes normalisées par rapport au maximum du signal. Il apparaît un comportement très différent entre l'éprouvette saine et l'éprouvette endommagée où l'on observe un filtrage important des hautes fréquences.

Ould Naffa [Oul 02] observe la grande sensibilité de l'atténuation des ondes à l'endommagement de béton par attaque acide. La sensibilité de la vitesse est également observée mais le caractère hétérogène du matériau rend les interprétations difficiles. Selleck [Sel 98] émet des conclusions similaires concernant le suivi d'endommagement par exposition à des milieux salins.

1.4.4.3. Suivi d'endommagements thermiques

Deux types d'endommagement thermique sont étudiés dans la littérature: les cycles gel-dégel et l'élévation de la température.

Les cycles gel-dégel appliqués à des spécimens de béton [Sel 98] conduisent à des chutes de vitesse et l'augmentation de l'atténuation. L'auteur montre que la mesure d'atténuation est plus sensible au phénomène que celle de vitesse.

L'endommagement thermique par élévation de température dans les bétons est un problème récent et les études ultrasonores sur le sujet sont peu nombreuses. Chung [Chu 85] mesure les vitesses ultrasonores dans des spécimens de béton soumis à des températures maximales comprises entre 400 et 800°C et ayant suivi deux types de refroidissement différents: un refroidissement lent par air et un plus rapide sous eau pour simuler une technique de lutte contre le feu. La chute de vitesse est observée quel que soit le refroidissement. La chute est moins importante pour les échantillons refroidis sous eau, ce que l'auteur explique par la reprise d'eau dans le béton.

Handoo [Han 02] suit l'évolution de la vitesse en fonction du niveau de contrainte thermique (figure 1.13). Le béton a une résistance à la compression initiale de 36 MPa qui décroît à partir de 400°C.

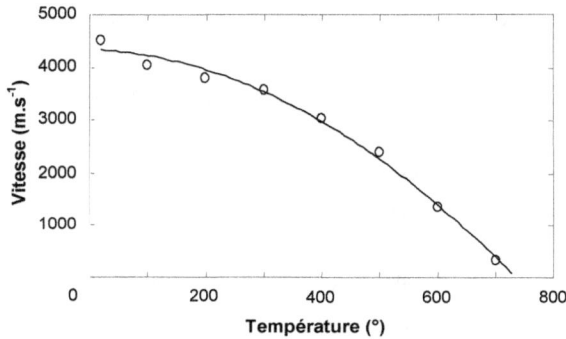

Figure 1.13: *Evolution de la vitesse ultrasonore avec la température (d'après [Han 02])*

La chute de vitesse est observée dès les plus basses températures, la décroissance s'accentue avec l'augmentation de la température. La vitesse ultrasonore est présentée comme un indicateur fiable de l'état d'endommagement thermique des bétons.

La sensibilité des ondes face à l'endommagement thermique est observée dans la littérature. Seules les études expérimentales présentées permettent d'établir un lien entre la température et les vitesses ultrasonores. La cinétique de chute de vitesse dépend de nombreux paramètres tels que la formulation du béton, la présence ou non de microfissures ou encore le taux d'humidité relative du béton. Ohdaira [Ohd 00] soulève ce problème de sensibilité des ondes face aux variations du taux d'eau contenu dans le béton.

1.4.5. Evaluation des contraintes dans le matériau

Caractérisation non destructive de l'endommagement de bétons

Plusieurs études traitent de l'évaluation des contraintes dans le béton par les méthodes ultrasonores. Popovic [Pop 91] propose des courbes d'évolutions expérimentales de vitesse en fonction de la contrainte de compression mais relate le peu de variations observées et les difficultés de mesure. Il évoque une augmentation de vitesse ultrasonore pour des faibles chargements (< 30% Rc) puis une phase constante jusqu'à 70% de Rc. Après cette valeur, une chute significative est obtenue. Ce comportement peut correspondre à une première phase où la densité du matériau augmente sous le chargement, puis apparaissent des microfissures en faible taille et nombre. Celles-ci deviennent ensuite critiques vis-à-vis de la structure en affaiblissant les propriétés mécaniques du matériau.

Berthaud [Ber 91-1] mesure les vitesses d'ondes longitudinales dans deux directions perpendiculaires, ce qui permet de décrire le comportement anisotrope de l'endommagement sous des charges de compression uniaxiale. Cependant, la modélisation proposée [Ber 91-2] et la vérification expérimentale mettent en évidence la complexité du phénomène et les problèmes liés aux ouvertures et fermetures de microfissures selon la direction de la charge.

$$V = V_0 \left(1 - \frac{8}{3} . \varepsilon . d_m (v_0) \right) \qquad (1.16)$$

où V est la vitesse ultrasonore pendant le chargement, V_0 est la vitesse initiale, ε est la densité apparente de microfissures et d_m est une constante dépendant du coefficient de Poisson initial (v_0) du matériau.

Berthaud [Ber 91-2] et Popovic [Pop 94] concluent sur la grande difficulté d'obtenir des mesures significatives et directement exploitables. Le suivi des évolutions dans le domaine fréquentiel [Pop 94] pourrait être une solution plus performante.

1.4.6. Amélioration de la mesure et mesures *in situ*

Le fort bruit de structure enregistré dans les structures en béton est à l'origine de la plupart des études traitant de l'amélioration des mesures. Les moyennages spatiaux ou temporels sont souvent utilisés. Des méthodes plus avancées, validées pour les matériaux métalliques et composites sont maintenant utilisées pour le béton, telle que la méthode SAFT couplée à l'utilisation de systèmes laser [Koe 98], ou de systèmes d'émission-réception ultrasonore multi-capteurs [Kra 01] qui font l'objet des études les plus récentes.

Les structures en béton nécessitent, de part leurs types et leurs dimensions, la possibilité d'effectuer des mesures *in situ*. Pour ces mesures, l'accès à deux faces de la pièce est souvent impossible et l'épaisseur n'est pas toujours connue. Dans ce cas de figure, le champ des solutions de caractérisation ultrasonore est réduit car la vitesse n'est pas accessible de façon directe.

Les ondes de surface (figure 1.14) présentent l'avantage d'être exploitables à partir d'une face seulement de la pièce par l'accès au temps de transit de l'onde de surface et de la distance parcourue entre capteurs (L). Le lien avec les caractéristiques mécaniques est cependant plus complexe.

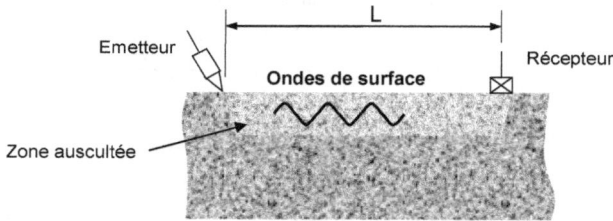

Figure 1.14: *Les ondes de surface*

Popovic étudie l'évolution de l'atténuation des ondes de surface face à un endommagement par microfissuration [Pop 98]. Lee utilise la vitesse de ces ondes pour suivre un endommagement par cycle gel/dégel [Lee 99]. Les fréquences employées sont inférieures à 100 kHz.

Un autre type d'auscultation répondant au besoin de caractérisation *in situ* est l'utilisation d'ondes rétrodiffusées (figure 1.15). Ce sont les ondes diffusées par les hétérogénéités du milieu, en sens inverse de la propagation de l'onde incidente. Chacune représente une très petite partie de l'énergie incidente. Le niveau d'énergie rétrodiffusé varie selon la fréquence de l'onde et croît avec la densité de diffuseurs. Plus le degré d'hétérogénéité est important plus le niveau sera important.

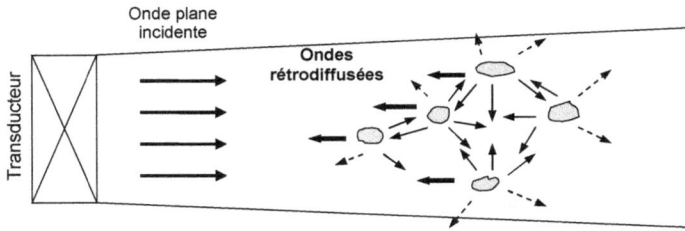

Figure 1.15: *Les ondes rétrodiffusées*

Leurs utilisations dans les aciers montrent les types d'exploitations possibles [San 88, Tou 99] et l'extension au matériau béton est envisageable [Cha 03]. Le cas d'endommagement thermique de béton est suivi par la détermination de l'atténuation des ondes rétrodiffusés pour des fréquences de l'ordre de 0,5 à 1 MHz. Fuente [Fue 02] propose une analyse temps-fréquence des ondes rétrodiffusées par les porosités, dans le ciment pur, pour des fréquences de 5 et 10 MHz, qui permet une estimation du coefficient d'atténuation du milieu.

Une autre solution porte sur l'intégration d'éléments piézo-électriques dans le matériau. Ceci permet de maîtriser la distance de parcours et de s'affranchir des conditions de couplage. Ce type de réalisation a déjà fait l'objet d'une étude concluante dans le cas de matériaux composites [Jay 96], mais nécessite d'être mis en place dès la fabrication de la structure.

1.5. Conclusion

Le matériau est composé de ciment et d'inclusions rocheuses. Ces dernières ont des formes relativement maîtrisées et des répartitions de taille de 0 à 20 mm dans le cas des bétons que nous étudions. A l'état durci sain, la matrice de ciment présente des pores dont le taux volumique est compris entre 10 et 25% et les tailles varient de l'angström au dixième de micromètre. *A priori*, il existe peu de microfissures dans le matériau pour cet état.

L'endommagement thermique du matériau conduit dans un premier temps à l'évaporation (vers 100°C) de l'eau non liée avec le ciment, puis dans un second temps à la déhydratation (autour de 400°C) des composants du ciment (essentiellement les calciums et silicates hydratés). Ces deux étapes conduisent à la microfissuration du béton: les microfissures sont observées dans le ciment et aux interfaces ciment/granulat, rarement dans les granulats. Il n'apparaît pas d'orientation préférentielle des microfissures et les tailles de microfissures ne sont pas évaluées dans la bibliographie. La dernière étape conduit à la ruine de la matériau (vers 1000°C).

Le comportement mécanique de bétons thermiquement endommagés fait apparaître une chute conjointe du module d'élasticité et de la résistance à la compression dès les plus basses températures (100°C pour certains BHP). Les décroissances s'accentuent lors de la déshydratation des constituants de la pâte de ciment. Les modèles mécaniques permettent de prendre en compte ce comportement par l'introduction d'une variable d'endommagement. La détermination de celle-ci est réalisée par des essais de calibration ou par l'utilisation de modèles numériques.

Le potentiel des ondes ultrasonores pour la caractérisation de bétons est observé dans la littérature. Les ondes cohérentes sont les plus étudiées, les ondes incohérentes présentent un potentiel à exploiter mais également des difficultés de mesure dues aux faibles énergies mises en jeu. Le lien entre les paramètres des ondes ultrasonores cohérentes et les caractéristiques mécaniques existe dans le béton et les relations établies pour les milieux homogènes élastiques linéaires et isotropes sont utilisées et vérifiées par certains auteurs.

Les approches proposées dans la bibliographie concernant la caractérisation d'endommagement restent cependant qualitatives. On observe très peu de modèle décrivant le comportement des ondes dans ce milieu. La vitesse et l'atténuation des ondes cohérentes sont sensibles à des endommagements par microfissuration (alcali-réaction, cycles gel-dégel, élévation de températures, ...). La vitesse est le paramètre le plus accessible à la mesure alors que l'atténuation semble être le plus sensible aux évolutions du milieu.

Le lien entre les paramètres ultrasonores et les évolutions physiques et géométriques du milieu ne sont établies que par des lois empiriques souvent adaptées à un cas particulier de mesure. Les études du comportement mécanique du béton laissent apparaître les mêmes conclusions où le paramètre d'endommagement est souvent évalué expérimentalement. La complexité de structure de matériau en est certainement à l'origine. Nous étudions donc, dans le chapitre suivant, la modélisation de la propagation des ondes dans les milieux hétérogènes et plus particulièrement dans les milieux formés d'une matrice et d'inclusions ponctuelles.

Chapitre 2

Propagation des ondes ultrasonores dans les milieux hétérogènes

Si le premier chapitre a permis de présenter le béton et son endommagement, il a aussi mis en évidence le besoin de modéliser la propagation des ondes afin de parvenir à des évaluations quantitatives le concernant. Ce deuxième chapitre, consacré à l'étude des ondes ultrasonores dans les milieux hétérogènes, présente donc des objectifs multiples qui sont la découverte et la compréhension des phénomènes mis en jeu dans les milieux hétérogènes, l'identification et l'extension de modèles de propagation des ondes cohérentes potentiellement capables d'être utilisés dans le cas de l'endommagement du béton.

Nous présentons les équations de base de la diffusion avec la description générale de la propagation des ondes et les notions de diffusion simple et multiple, puis nous traitons le cas de la diffusion par un obstacle unique pour des nature et géométrie différentes. L'importance de la fréquence de l'onde dans le phénomène de diffusion, et par conséquent dans la propagation des ondes dans les milieux hétérogènes, est soulignée.

Les méthodes d'homogénéisation permettent d'obtenir une description de la propagation dans les milieux hétérogènes sous une forme mathématique simple. Après une revue des modèles existants, nous présentons, en une écriture harmonisée, le modèle de Waterman-Truell et d'Approximation Quasi-Cristalline associée à la Hole-Correction ou à la fonction de Percus-Yevick, décrits comme les plus performants. Nous proposons une extension au cas du béton en montrant les différences qui existent entre les éléments théoriques et la réalité du milieu.

2.1. Phénomènes de diffusion simple et multiple

Considérons une onde plane qui se propage dans une matrice homogène (fluide ou solide) dans laquelle se trouve une inclusion homogène (fluide ou solide) de caractéristiques physiques différentes de celles de la matrice. De part les différences entre les milieux en présence, le passage de l'onde plane au niveau de l'inclusion produit une dispersion spatiale et temporelle.

Une partie de l'énergie correspondant à l'onde incidente est donc déviée de la direction initiale et ne pourra, sans autres interactions, retrouver cette direction. Une autre partie de cette énergie conservera la direction de propagation mais sera déphasée par rapport à l'onde incidente. De manière générale, l'onde incidente perd une partie de son énergie lors de son interaction avec des inclusions. Ce phénomène est appelé diffusion et les obstacles sont qualifiés de diffuseurs.

La description générale des phénomènes de diffusion est largement traitée dans la bibliographie [Fol 45, Lax 51, Wat 61, Twe 63]. Ishimaru [Ish 78] synthétise les principales études concernant la diffusion des ondes dans les milieux aléatoires et propose les équations à la base des phénomènes rencontrés.

Posons un opérateur linéaire $T(\vec{r}')$ permettant de modéliser le phénomène de diffusion par un obstacle positionné en $\vec{r}'$. Sous l'action d'une onde plane incidente φ_{inc}, va apparaître un champ diffusé par l'obstacle φ_{diff} qui sera défini en $\vec{r}$ par:

$$\varphi_{diff}(\vec{r}/\vec{r}') = T(\vec{r}').\varphi_{inc}(\vec{r}) \qquad (2.1)$$

Le champ total $\varphi(\vec{r})$ en un point $\vec{r}$ de l'espace, après diffusion de l'onde incidente par l'obstacle, s'écrira donc:

$$\varphi(\vec{r}) = \varphi_{inc}(\vec{r}) + \varphi_{diff}(\vec{r}/\vec{r}') \qquad (2.2)$$

soit:
$$\varphi(\vec{r}) = \varphi_{inc}(\vec{r}) + T(\vec{r}').\varphi_{inc}(\vec{r}) \qquad (2.3)$$

36

L'opérateur linéaire caractérisant la diffusion par un obstacle dépend donc des caractéristiques des milieux en présence, de l'onde incidente, ainsi que de la forme de l'inclusion. Il est défini dans le paragraphe suivant pour différents types et formes d'obstacles correspondant à nos milieux.

Considérons maintenant un ensemble de N diffuseurs placés aux points $\left(\vec{r}_1,...,\vec{r}_j,...,\vec{r}_N \right)$ et $\phi(\vec{r})$ le champ total au point d'observation $\vec{r}$. Il est possible de décomposer le champ total par:

$$\phi(\vec{r}) = \phi_{inc}(\vec{r}) + \sum_{j=1}^{N} \phi_{diff}\left(\vec{r} / \vec{r}_j; \vec{r}_1,...,\vec{r}_N \right) \tag{2.4}$$

avec $\phi_{diff}\left(\vec{r} / \vec{r}_j; \vec{r}_1,...,\vec{r}_N \right)$, le champ des ondes diffusées en $\vec{r}$, par le diffuseur centré en $\vec{r}_j$, connaissant les positions $\left(\vec{r}_1,...,\vec{r}_j,...,\vec{r}_N \right)$.

Le diffuseur positionné en $\vec{r}_j$ est en fait excité par un champ composé du champ incident et des champs diffusés par les autres diffuseurs. Nous appellerons celui-ci le champ d'excitation que l'on notera $\phi_E\left(\vec{r} / \vec{r}_j; \vec{r}_1,...,\vec{r}_N \right)$.

En utilisant l'opérateur linéaire $T\left(\vec{r}_j \right)$ précédemment défini pour modéliser la diffusion de l'obstacle positionné en $\vec{r}_j$, nous obtenons:

$$\phi_{diff}\left(\vec{r} / \vec{r}_j; \vec{r}_1,...,\vec{r}_N \right) = T\left(\vec{r}_j \right) . \phi_E\left(\vec{r} / \vec{r}_j; \vec{r}_1,...,\vec{r}_N \right) \tag{2.5}$$

En introduisant l'équation 2.5 dans 2.4, il vient que:

$$\phi(\vec{r}) = \phi_{inc}(\vec{r}) + \sum_{j=1}^{N} T\left(\vec{r}_j \right) . \phi_E\left(\vec{r} / \vec{r}_j; \vec{r}_1,...,\vec{r}_N \right) \tag{2.6}$$

De la même manière que l'on a écrit $\varphi(\vec{r})$, on peut décomposer $\varphi_E\left(\vec{r}\,/\,\vec{r}_j\,;\vec{r}_1,...,\vec{r}_N\right)$:

$$\varphi_E\left(\vec{r}\,/\,\vec{r}_j\,;\vec{r}_1,...,\vec{r}_N\right) = \varphi_{inc}\left(\vec{r}\right) + \sum_{\substack{k=1\\k\neq j}}^{N} T\left(\vec{r}_k\right)\varphi_E\left(\vec{r}\,/\,\vec{r}_k\,;\vec{r}_1,...,\vec{r}_N\right) \qquad (2.7)$$

Par combinaison des équations 2.6 et 2.7, il vient que:

$$\varphi(\vec{r}) = \varphi_{inc}\left(\vec{r}\right) + \sum_{j=1}^{N} T_j\left[\varphi_{inc}\left(\vec{r}\right)\right] + \sum_{j=1}^{N}\sum_{\substack{k=1\\k\neq j}}^{N} T\left(\vec{r}_k\right)T\left(\vec{r}_j\right)\varphi_{inc}\left(\vec{r}\right) + \sum_{j=1}^{N}\sum_{\substack{k=1\\k\neq j}}^{N}\sum_{\substack{l=1\\l\neq k}}^{N} T\left(\vec{r}_l\right)T\left(\vec{r}_k\right)T\left(\vec{r}_j\right)\varphi_{inc}\left(\vec{r}\right) + ...$$

$$(2.8)$$

La description de la propagation de l'onde dans les milieux hétérogènes s'exprime donc par une somme infinie de termes correspondant à divers "degrés" de diffusion de l'onde incidente. Ainsi le premier terme correspond à l'onde incidente, le second terme est le premier ordre de diffusion que l'on appellera diffusion simple, le troisième terme est le second ordre de diffusion et ainsi de suite. Ces derniers termes correspondent à des ondes résultant d'au moins deux actions successives de diffusion, ce sont les termes de diffusion multiple.

Pour calculer le champ total en un point, il suffit de connaître la matrice et l'ensemble des obstacles, c'est à dire les caractéristiques physiques des milieux en présence, les formes et positions de chacun des diffuseurs. Dans la pratique, de tels calculs sont envisageables pour un nombre restreint d'obstacles de formes simples ou dans des milieux où les diffuseurs présentent des arrangements périodiques. Parvenir à une évaluation du champ lorsque le milieu relève d'arrangements complexes ou aléatoires d'obstacles en nombre élevé requiert alors l'utilisation d'approximations.

La plus connue est l'approximation de Born ou de diffusion simple qui consiste à négliger l'ensemble des termes de diffusion multiple. Cela revient à ne prendre en compte que l'onde incidente et les ondes diffusées une fois seulement:

$$\varphi(\vec{r}) \approx \varphi_{inc}\left(\vec{r}\right) + \sum_{j=1}^{N} T\left(\vec{r}_j\right)\varphi_{inc}\left(\vec{r}\right) \qquad (2.9)$$

Cependant les validations expérimentales [Fro 82, Kin 82, Pou 94] montrent que cette approximation n'est valable que pour des milieux faiblement chargés en diffuseurs (fraction volumique de diffuseurs < à 5% de manière générale) ou présentant de très faibles contrastes acoustiques entre la matrice et les diffuseurs.

La solution communément utilisée, dans les milieux complexes, pour lever les difficultés et prendre en compte la diffusion multiple, est de considérer non plus une configuration mais un ensemble de configurations dont on extrait des caractéristiques moyennes sur lesquelles portent les équations. Les modèles d'homogénéisation présentés dans la suite de ce chapitre travaillent sur ce principe et permettent la prise en compte de la diffusion multiple.

2.2.   Diffusion par un obstacle

Avant d'envisager la description générale du comportement des ondes ultrasonores face à un milieu composé d'un ensemble de diffuseurs dans une matrice, il est important de définir le phénomène de base qu'est la diffusion sur un obstacle, et de proposer ensuite une écriture mathématique générale pour le cas des géométries simulant au mieux les diffuseurs présents dans le béton endommagé.

La bibliographie sur le sujet est large et les formalismes mathématiques employés sont très différents. Les études peuvent concerner une ou plusieurs géométries d'obstacle, différentes natures des milieux en présence et tout ou partie du domaine fréquentiel. Nous avons retenu le formalisme de la T-Matrice qui permet de traiter la diffusion des deux types d'ondes ultrasonores (longitudinale et transversale) sur tout le domaine fréquentiel pour une grande variété d'obstacles (différents types, natures et géométries).

De manière générale, trois domaines fréquentiels sont définis en fonction de la taille caractéristique (a) de l'obstacle. La figure 2.1 présente ces domaines.

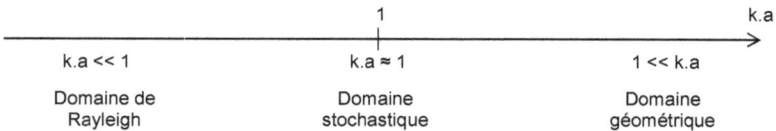

Figure 2.1: *Domaines de diffusion*

39

Le domaine de Rayleigh ou basse fréquence correspond à un domaine où l'obstacle est petit par rapport à la longueur d'onde et où la diffusion est relativement faible. Le domaine stochastique est défini par la correspondance entre la longueur d'onde et la dimension caractéristique de l'obstacle. On observe alors une diffusion importante et l'obstacle est qualifié de résonant. Le domaine géométrique correspond à une petite longueur d'onde par rapport à la taille de l'obstacle. Celui-ci sera vu par l'onde dans ce domaine, comme une discontinuité du milieu de type interface.

Nous présentons, dans ce paragraphe, le formalisme général retenu pour décrire la diffusion et son application à deux géométries d'obstacle (sphérique et sphéroïdal) qui nous paraissent les mieux adaptés pour décrire les diffuseurs présents (granulats, pores, microfissures) dans le béton. Pour chaque géométrie, nous proposons les équations correspondant à une inclusion élastique (cas des granulats) et à une inclusion d'air (cas des pores et microfissures) dans un milieu élastique.

2.2.1. Formalisme de la T-Matrice

Nous avons choisi d'utiliser le formalisme de la T-Matrice [Var 76, Wat 76] qui est le seul permettant de traiter une grande variété de géométries d'obstacle ainsi que différentes natures de milieu et ceci sur l'ensemble du domaine fréquentiel. Ce formalisme, initié par Waterman [Wat 76], permet un traitement matriciel des équations relatives à la diffusion. Il présente un très grand intérêt face à la complexité, notamment, du traitement numérique des données.

Les équations matricielles permettent de traiter l'ensemble des types d'ondes, c'est-à-dire que la prise en compte de l'ensemble des ondes longitudinales et transversales, et des conversions de mode qui s'effectuent lors de la diffusion, sont possibles. Nous présentons les équations en coordonnées sphériques pour le cas général en trois dimensions (figure 2.2) pour l'ensemble des ondes. Puis, pour les géométries particulières retenues, nous traitons le cas d'une onde plane longitudinale incidente.

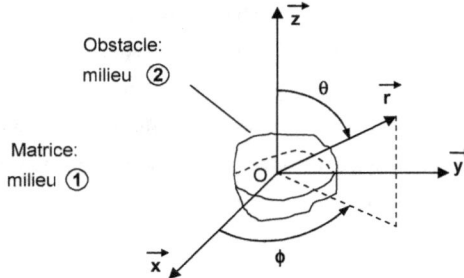

Figure 2.2: *Système de coordonnées*

Le champ de déplacement total dans la matrice ① s'écrit pour une position $\vec{r}$ de l'espace:

$$\vec{u}^1(\vec{r}) = \overrightarrow{u_{inc}^1}(\vec{r}) + \overrightarrow{u_{diff}^1}(\vec{r}) \tag{2.10}$$

où $\overrightarrow{u_{inc}^1}$ est le champ de déplacement incident et $\overrightarrow{u_{diff}^1}$ est le champ de déplacement diffusé dans la matrice ①.

L'expansion des champs incident et diffusé se fait à partir des fonctions sphériques de base faisant intervenir les polynômes associés de Legendre P_n^m de degré (n-m) et la fonction de Hankel h_n de première espèce et d'ordre n.

En coordonnées sphériques (r, θ, ϕ), les potentiels vectoriels s'écrivent:

$$\overrightarrow{\varphi_{nm}^{1\sigma}}(r,\theta,\phi) = \left(\frac{k_{\ell 1}}{k_{t1}}\right)^{1/2} . \xi_{nm} . \vec{\nabla} \left[h_n\left(k_{\ell 1}.r\right) P_n^m\left(\cos(\theta)\right) . \begin{matrix} \cos(m.\phi) \\ \sin(m.\phi) \end{matrix} \right] \quad \begin{matrix} \text{pour } \sigma = 1 \\ \text{pour } \sigma = 2 \end{matrix} \tag{2.11}$$

$$\overrightarrow{\psi_{nm}^{1\sigma}}(r,\theta,\phi) = k_{t1} . \eta_{nm} . \vec{\nabla} \times \left[\vec{e}_r . h_n\left(k_{t1}.r\right) P_n^m\left(\cos(\theta)\right) . \begin{matrix} \cos(m.\phi) \\ \sin(m.\phi) \end{matrix} \right] \quad \begin{matrix} \text{pour } \sigma = 1 \\ \text{pour } \sigma = 2 \end{matrix} \tag{2.12}$$

$$\overrightarrow{\chi_{nm}^{1\sigma}}(r,\theta,\phi) = \frac{1}{k_{t1}} . \vec{\nabla} \times \overrightarrow{\psi_{nm}^{1\sigma}}(r,\theta,\phi) \tag{2.13}$$

où $\overrightarrow{\varphi_{nm}^{1\sigma}}$ représente le champ longitudinal, $\overrightarrow{\psi_{nm}^{1\sigma}}$ et $\overrightarrow{\chi_{nm}^{1\sigma}}$ les deux champs transversaux.

Par définition des polynômes de Legendre, n varie de 0 à ∞, m de 0 à n. σ prend les valeurs 1 ou 2. $k_{\ell 1}$ et k_{t1} sont les nombres d'ondes longitudinale et transversales dans la matrice ①.

Les constantes de normalisation sont données par:

$$\xi_{nm} = \left[\in_n \cdot \frac{(2.n+1)(n-m)!}{4.\pi.(n+m)!} \right]^{1/2}, \quad \in_0 = 1, \in_n = 2 \text{ pour } n > 0 \qquad (2.14)$$

$$\eta_{nm} = \frac{\xi_{nm}}{[n.(n+1)]^{1/2}} \qquad (2.15)$$

Par le comportement asymptotique des fonctions de Hankel pour des valeurs importantes de leurs arguments, les potentiels ci-dessus permettent de définir directement le champ diffusé alors que le champ incident doit être régulier à l'origine.

Ainsi les champs de déplacement incident et diffusé s'écrivent dans la matrice ① :

$$\overrightarrow{u_{inc}^1}(\vec{r}) = \sum_{\sigma=1}^{2} \sum_{p=0}^{\infty} \sum_{q=0}^{p} \left[a_{pq}^{\sigma}.\text{Re}\,g\left[\overrightarrow{\varphi_{pq}^{1\sigma}}(\vec{r})\right] + b_{pq}^{\sigma}.\text{Re}\,g\left[\overrightarrow{\psi_{pq}^{1\sigma}}(\vec{r})\right] + c_{pq}^{\sigma}.\text{Re}\,g\left[\overrightarrow{\chi_{pq}^{1\sigma}}(\vec{r})\right] \right],$$

$\vec{r}$ est à l'extérieur de l'obstacle $\qquad (2.16)$

$$\overrightarrow{u_{diff}^1}(\vec{r}) = \sum_{\sigma=1}^{2} \sum_{n=0}^{\infty} \sum_{m=0}^{n} \left[\alpha_{nm}^{\sigma}.\overrightarrow{\varphi_{nm}^{1\sigma}}(\vec{r}) + \beta_{nm}^{\sigma}.\overrightarrow{\psi_{nm}^{1\sigma}}(\vec{r}) + \gamma_{nm}^{\sigma}.\overrightarrow{\chi_{nm}^{1\sigma}}(\vec{r}) \right],$$

$\vec{r}$ est à l'extérieur de l'obstacle $\qquad (2.17)$

où α_{nm}^{σ}, β_{nm}^{σ} et γ_{nm}^{σ} sont les coefficients d'expansion inconnus du champ diffusé et a_{pq}^{σ}, b_{pq}^{σ} et c_{pq}^{σ} sont les coefficients d'expansion du champ incident.

Ces coefficients permettent à $\overrightarrow{u_{inc}^1}$ de vérifier l'équation vectorielle de propagation (équation 1.5). Les potentiels réguliers à l'origine, notés $\text{Re}\,g[...]$, correspondent aux potentiels des équations 2.11 à 2.13 dans lesquels la fonction de Hankel h_n est remplacée par la fonction de Bessel j_n.

α_{nm}^{σ}, β_{nm}^{σ} et γ_{nm}^{σ} contiennent les informations concernant la diffusion et sont reliés

aux coefficients a_{pq}^{σ}, b_{pq}^{σ} et c_{pq}^{σ} par la T-Matrice:

$$
\begin{bmatrix} \alpha_{nm}^{\sigma} \\ \beta_{nm}^{\sigma} \\ \gamma_{nm}^{\sigma} \end{bmatrix} = \begin{bmatrix} \left(T^{11}\right)_{nmpq}^{\sigma\nu} & \left(T^{12}\right)_{nmpq}^{\sigma\nu} & \left(T^{13}\right)_{nmpq}^{\sigma\nu} \\ \left(T^{21}\right)_{nmpq}^{\sigma\nu} & \left(T^{22}\right)_{nmpq}^{\sigma\nu} & \left(T^{23}\right)_{nmpq}^{\sigma\nu} \\ \left(T^{31}\right)_{nmpq}^{\sigma\nu} & \left(T^{32}\right)_{nmpq}^{\sigma\nu} & \left(T^{33}\right)_{nmpq}^{\sigma\nu} \end{bmatrix} \cdot \begin{bmatrix} a_{pq}^{\nu} \\ b_{pq}^{\nu} \\ c_{pq}^{\nu} \end{bmatrix} \qquad (2.18)
$$

La convention de notation d'Einstein est utilisée, c'est-à-dire qu'il y a sommation sur les indices répétés (ν, p, q). Ce n'est donc pas une T-Matrice qui décrit la diffusion sur un obstacle mais bien une T-Matrice par index ($_{nmpq}^{\sigma\nu}$), ce qui revient, de part les bornes des sommes sur n et p, à une infinité de T-Matrices.

En pratique, les géométries d'obstacle impliquent l'annulation de tout ou partie de certaines matrices et on observe un comportement asymptotique des coefficients (lorsque n tend vers l'infini) qui permet de rompre la somme à quelques unités ou éventuellement quelques dizaines.

Les coefficients de la matrice correspondent aux différentes conversions de modes possibles, ainsi:

- T^{11} décrit la transformation de l'onde longitudinale incidente en ondes longitudinales diffusées,

- T^{21} décrit la transformation de l'onde longitudinale incidente en ondes transversales diffusées (1ère polarisation),

- T^{31} décrit la transformation de l'onde longitudinale incidente en ondes transversales diffusées (2ème polarisation),

- ...

L'expression des lois de conservation de l'énergie conduit à une première propriété de la matrice qui s'exprime par (les indices sont omis):

$$\overline{\overline{T}} \cdot \overline{\overline{T}} = -Re\left[\overline{\overline{T}}\right] \tag{2.19}$$

où $\overline{\overline{T}}$ est la matrice conjuguée complexe de $\overline{\overline{T}}$ et Re[…] sa partie réelle.

Le principe de réciprocité conduit à la symétrie de la matrice:

$$\overline{\overline{T}} = \overline{\overline{T}}^{t} \tag{2.20}$$

où $[\ldots]^{t}$ est la matrice transposée.

Cette dernière relation implique les égalités des coefficients correspondant aux conversions de mode longitudinal/transversal et transversal/longitudinal ($T^{21} = T^{12}$ et $T^{31} = T^{13}$) et transversal/transversal ($T^{32} = T^{23}$).

Lors de sa construction, la T-Matrice est décomposée en deux parties par l'intermédiaire d'une matrice que l'on nomme $\overline{\overline{Q}}$:

$$\overline{\overline{T}} = -Re\left[\overline{\overline{Q}}\right]\overline{\overline{Q}}^{-1} \tag{2.21}$$

où $\overline{\overline{Q}} = \begin{bmatrix} Q^{11} & Q^{12} & Q^{13} \\ Q^{21} & Q^{22} & Q^{23} \\ Q^{31} & Q^{32} & Q^{33} \end{bmatrix}$, les indices étant omis.

Ainsi, déterminer les 9 coefficients de la matrice $\overline{\overline{T}}$ revient à calculer ceux de la matrice $\overline{\overline{Q}}$. Le calcul de cette dernière s'effectue sur la base du respect de l'équation vectorielle de propagation dans les deux milieux en présence et des conditions aux limites à la surface de l'obstacle.

Nous traitons dans ce paragraphe le cas de l'inclusion élastique dans une matrice élastique et le cas de la cavité dans une matrice élastique. Les autres cas découlent du cas de l'inclusion élastique dans une matrice élastique, ainsi ils peuvent être facilement déduits de ce dernier.

Nous présentons les équations intégrales qui seront résolues dans les paragraphes suivants lors de la définition des géométries d'obstacle, c'est à dire lors de la mise en équation des surfaces sur lesquelles les quantités sont intégrées.

Cas de l'inclusion élastique dans une matrice élastique

Pour l'inclusion élastique (milieu ②) dans une matrice élastique (milieu ①), nous obtenons comme conditions aux limites à la surface S' de l'obstacle:

$$\begin{cases} \vec{u}^1(\vec{r}') = \vec{u}^2(\vec{r}'), & \vec{r}' \in S' \qquad (2.22) \\ \vec{n}.\overline{\overline{\sigma}}^1(\vec{r}') = \vec{n}.\overline{\overline{\sigma}}^2(\vec{r}'), & \vec{r}' \in S' \qquad (2.23) \end{cases}$$

Nous avons trois équations de continuité des déplacements et trois de continuité des contraintes. Dans l'inclusion, le champ de déplacement est représenté par:

$$\vec{u}^2(\vec{r}) = \sum_{\sigma=1}^{2} \sum_{n=0}^{\infty} \sum_{m=0}^{n} \left[a_{nm}^{\sigma}.Re\, g\left[\overrightarrow{\varphi_{nm}^{2\sigma}}(\vec{r})\right] + b_{nm}^{\sigma}.Re\, g\left[\overrightarrow{\psi_{nm}^{2\sigma}}(\vec{r})\right] + c_{nm}^{\sigma}.Re\, g\left[\overrightarrow{\chi_{nm}^{2\sigma}}(\vec{r})\right] \right]$$

$\vec{r}$ est à l'intérieur de l'obstacle $\qquad (2.24)$

Cas de la cavité dans une matrice élastique

Pour la cavité dans une matrice élastique, nous obtenons comme conditions aux limites à la surface S' de l'obstacle:

$$\begin{cases} \vec{u}^1(\vec{r}') = \sum_{\sigma=1}^{2} \sum_{n=0}^{\infty} \sum_{m=0}^{n} \left[a_{nm}^{\sigma}.Re\, g\left[\overrightarrow{\varphi_{nm}^{1\sigma}}(\vec{r}')\right] + b_{nm}^{\sigma}.Re\, g\left[\overrightarrow{\psi_{nm}^{1\sigma}}(\vec{r}')\right] + c_{nm}^{\sigma}.Re\, g\left[\overrightarrow{\chi_{nm}^{1\sigma}}(\vec{r}')\right] \right], \\ \qquad\qquad \vec{r}' \in S' \qquad\qquad (2.25) \\ \vec{n}.\overline{\overline{\sigma}}^1(\vec{r}') = \vec{0}, \qquad \vec{r}' \in S' \qquad\qquad (2.26) \end{cases}$$

Les coefficients des matrices $\overline{\overline{Q}}$ pour chacun des cas sont donnés en annexe 1.

2.2.2. Amplitudes diffusées en champ lointain et sections de diffusion

Nous avons vu que la diffusion des ondes ultrasonores par un obstacle conduit à l'apparition d'un champ diffusé, $\overrightarrow{u^1_{diff}}(\bar{r})$, dans le milieu de propagation. Pour une distance r faible depuis le centre de l'obstacle ($r < k.a^2$), le champ diffusé possède des variations d'amplitude et de phase complexes en raison des interactions entre les contributions des différentes parties de l'obstacle. En champ lointain ($r > k.a^2$ ou plus généralement k.r >> 1), les caractéristiques de l'onde diffusée sont plus stables et le comportement est assimilable à celui d'une onde sphérique.

Il est alors possible d'écrire le champ diffusé sous la forme:

$$\overrightarrow{u^1_{diff}}(\bar{r}) \xrightarrow[\substack{k_\ell.r>>1 \\ k_t.r>>1}]{} f_{\ell 1}(\theta,\phi).\frac{e^{i.k_{\ell 1}.r}}{r}.\overrightarrow{e_r} + f_{t1}(\theta,\phi).\frac{e^{i.k_{t1}.r}}{r}.\overrightarrow{e_\theta} + f_{t'1}(\theta,\phi).\frac{e^{i.k_{t1}.r}}{r}.\overrightarrow{e_\phi} \quad (2.27)$$

où $f_{\ell 1}(\theta,\phi)$, $f_{t1}(\theta,\phi)$ et $f_{t'1}(\theta,\phi)$ sont respectivement les amplitudes en champ lointain de l'onde longitudinale et des deux ondes transversales diffusées.

Ces quantités sont des caractéristiques de la diffusion. Les répartitions spatiales et temporelles du champ diffusé sont donc observables à partir de ces fonctions de diffusion en amplitude. Ces fonctions sont données par [Var 76]:

$$f_{\ell 1}(\theta,\phi) = \frac{1}{k_{\ell 1}}.\left(\frac{k_{\ell 1}}{k_{t1}}\right)^{1/2}.\sum_{n=0}^{\infty}\sum_{m=0}^{n}\xi_{nm}.i^{-n}.P_n^m(\cos(\theta)).\left[\alpha_{nm}^1.\cos(m.\phi)+\alpha_{nm}^2.\sin(m.\phi)\right] \quad (2.28)$$

$$f_{t1}(\theta,\phi) = \frac{1}{k_{t1}}.\sum_{n=1m=0}^{\infty}\sum^{n}\eta_{nm}.i^{-n}.\left\{ -\frac{i.m.P_n^m(\cos(\theta))}{\sin(\theta)}.\left[\beta_{nm}^1.\sin(m.\phi)+\beta_{nm}^2.\cos(m.\phi)\right] \right.$$
$$\left. +\frac{d}{d\theta}\left[P_n^m(\cos(\theta))\right]\left[\gamma_{nm}^1.\cos(m.\phi)+\gamma_{nm}^2.\sin(m.\phi)\right] \right\} \quad (2.29)$$

$$f_{t'1}(\theta,\phi) = \frac{1}{k_{t1}} \cdot \sum_{n=1}^{\infty} \sum_{m=0}^{n} \eta_{nm} \cdot i^{-n} \cdot \left\{ i \cdot \frac{d}{d\theta} \left[P_n^m(\cos(\theta)) \right] \left[\beta_{nm}^1 \cdot \cos(m.\phi) + \beta_{nm}^2 \cdot \sin(m.\phi) \right] \right.$$
$$\left. - \frac{m.P_n^m(\cos(\theta))}{\sin(\theta)} \cdot \left[\gamma_{nm}^1 \cdot \sin(m.\phi) + \gamma_{nm}^2 \cdot \cos(m.\phi) \right] \right\} \tag{2.30}$$

Différentes sections de diffusion caractéristiques de l'obstacle sont définies telles que les sections différentielles de diffusion en ondes longitudinale ou transversales permettent d'évaluer l'énergie diffusée pour une position d'observation donnée:

$$\sigma_\ell(\theta,\phi) = \left| f_{\ell 1}(\theta,\phi) \right|^2 \tag{2.31}$$

$$\sigma_t(\theta,\phi) = \left| f_{t1}(\theta,\phi) \right|^2 \tag{2.32}$$

$$\sigma_{t'}(\theta,\phi) = \left| f_{t'1}(\theta,\phi) \right|^2 \tag{2.33}$$

La section efficace de diffusion σ_d exprime le rapport de la puissance diffusée sur l'intensité de l'onde incidente et est obtenue par:

$$\sigma_d = \int_0^\pi \int_0^{2.\pi} \sigma(\theta,\phi) . \sin(\theta) . d\theta . d\phi \tag{2.34}$$

où $\sigma(\theta,\phi)$ correspond à la somme des sections différentielles de diffusion.

La section efficace totale σ_T est définie par:

$$\sigma_T = \sigma_d + \sigma_a \tag{2.35}$$

où σ_a est la section efficace d'absorption de l'obstacle qui exprime la puissance absorbée sur l'intensité incidente.

Dans le cadre de nos approximations, nous considérons l'obstacle comme un milieu non dispersif et non atténuant, ce qui revient à négliger σ_a et la section efficace totale est alors égale à la section efficace de diffusion.

2.2.3. Onde plane longitudinale incidente

Dans le cas d'une onde plane longitudinale incidente faisant un angle θ_0 avec l'axe $\vec{z}$,

et ϕ_0 avec l'axe $\vec{x}$ dans le plan $(\vec{x}, \vec{y})$, $\overrightarrow{u^1_{inc}}(\vec{r})$ s'écrit:

$$\overrightarrow{u^1_{inc}}(\vec{r}) = 4.\pi.\left(\frac{k_{tl}}{k_{\ell 1}}\right)^{1/2} . \sum_{p=0}^{\infty} \sum_{q=0}^{p} \left\{ \xi_{pq}.i^{p-1}.P_p^q\left(\cos(\theta_0)\right)\cos(q.\phi_0)\operatorname{Re} g\left[\overrightarrow{\phi^{11}_{pq}}(\vec{r})\right].\delta_{11} \right.$$
$$\left. + \sin(q.\phi_0)\operatorname{Re} g\left[\overrightarrow{\phi^{12}_{pq}}(\vec{r})\right].\delta_{12} \right\} \tag{2.36}$$

Ceci revient à poser les coefficients d'expansion de l'onde incidente égaux à:

$$\begin{bmatrix} a^v_{pq} \\ b^v_{pq} \\ c^v_{pq} \end{bmatrix} = \begin{bmatrix} 4.\pi.(k_{tl}/k_{\ell 1})^{1/2}.\xi_{pq}.i^{p-1}.P_p^q\left(\cos(\theta_0)\right)\cos(q.\phi_0)\delta_{1v} \\ 0 \\ 0 \end{bmatrix} \tag{2.37}$$

où δ_{1v} est le symbole de Kronecker.

Nous travaillons essentiellement sur la propagation d'une onde longitudinale. C'est donc à partir de cette onde incidente que sont traités, dans la suite, les cas des obstacles sphériques et sphéroïdaux.

2.2.4. Obstacle sphérique

Le cas de la sphère est traité par Waterman [Wat 76] et plus en détails par Brill et Gaunaurd [Bri 87]. Les équations précédentes se simplifient grâce aux différentes symétries de la sphère. Nous présentons rapidement les simplifications qui s'opèrent, et les équations finales, afin de proposer quelques résultats concernant le phénomène de diffusion d'une onde longitudinale incidente.

Les symétries de la sphère conduisent à l'annulation de la majorité des éléments du calcul, ce qui se traduit, pour la matrice $\overline{\overline{Q}}$, par les relations:

$$\overline{\overline{Q}}_{nmpq}^{\sigma v} = \overline{\overline{Q}}_{nmpq}^{\sigma v} . \delta_{\sigma v} . \delta_{np} . \delta_{mq} \tag{2.38}$$

et $\quad \left(Q^{ij}\right)_{nmpq}^{\sigma v} = \left(T^{ij}\right)_{nmpq}^{\sigma v} = 0, \quad ij = 12,21,23,32, \quad \forall \ \sigma, v, n, m, p, q \tag{2.39}$

Considérons maintenant une onde plane longitudinale (équation 2.36), dont la direction de propagation correspond à l'axe $\vec{z}$ ($\theta_0 = 0$) comme illustré sur la figure 2.3.

Pour la sphère, seul le mode m=0 contribue au calcul de la diffusion et le champ de déplacement incident s'écrit:

$$\overrightarrow{u_{inc}^{1}}(\vec{r}) = \sum_{n=0}^{\infty} i^n . (2.n+1)\vec{\nabla}\left[j_n\left(k_{\ell 1}.r\right)P_n^0\left(\cos(\theta)\right)\right] \tag{2.40}$$

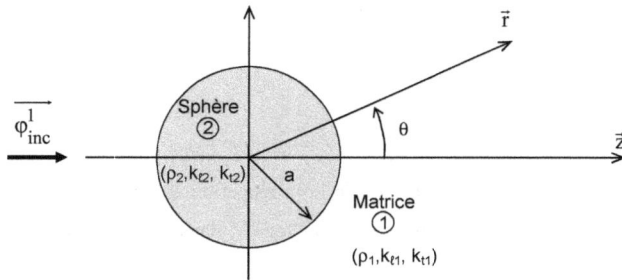

Figure 2.3: *La diffusion par une sphère*

L'onde diffusée dans la matrice vaut:

$$\overrightarrow{u_{diff}^1}(\vec{r}) = \sum_{n=0}^{\infty} i^n.(2.n+1).\left\{ \left(T^{11}\right)_{n0n0}^{11}.\vec{\nabla}\left[h_n\left(k_{\ell 1}.r\right)P_n^0(\cos(\theta))\right] \right.$$
$$\left. + \left(\frac{1}{n.(n+1)}\right)^{1/2}\left(\frac{k_{tl}}{k_{\ell 1}}\right)^{1/2}.\left(T^{31}\right)_{n0n0}^{11}.\vec{\nabla}\times\vec{\nabla}\times\left[\overrightarrow{e_r}.h_n\left(k_{tl}.r\right)P_n^0(\cos(\theta))\right] \right\}$$

(2.41)

La première partie de la somme correspond à l'onde longitudinale diffusée et la seconde à l'onde transversale. Les expressions des coefficients 11 et 13 de la T-Matrice sont calculées à partir de l'équation 2.21 et sont données en annexe 2.

En champ lointain, l'amplitude de diffusion en onde longitudinale est donnée par:

$$f_{\ell 1}(\theta) = \frac{1}{i.k_{\ell 1}}.\sum_{n=0}^{\infty} (2.n+1).\left(T^{11}\right)_{n0n0}^{11}.P_n^0(\cos(\theta))$$

(2.42)

Traçons, pour des fréquences différentes, le module de cette fonction afin d'observer la répartition spatiale du champ diffusé longitudinal et son évolution avec la fréquence. La figure 2.4 propose les représentations polaires de l'amplitude longitudinale diffusée pour une sphère d'air de diamètre 2,8 mm incluse dans une matrice de ciment (caractéristiques correspondant à notre étude, cf. chapitre 4). Les fréquences correspondent aux fréquences nominales des transducteurs utilisés.

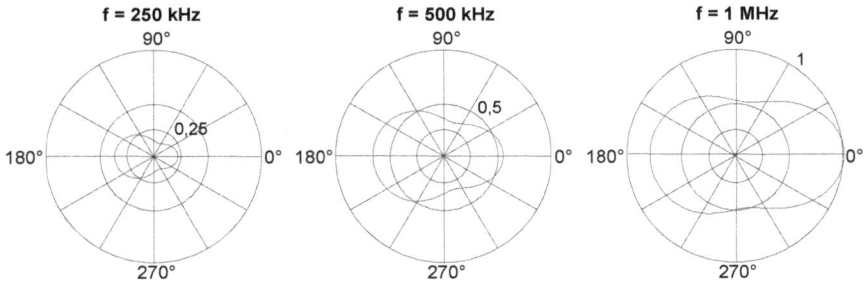

Figure 2.4: *Modules de l'amplitude de diffusion par une sphère d'air dans du ciment (normalisés)*

L'onde incidente est une onde plane longitudinale se propageant dans la direction 0°. Les valeurs des amplitudes sont normalisées par rapport à la valeur maximale obtenue pour 1 MHz. Nous pouvons observer une diffusion globalement croissante avec la fréquence mais aussi une répartition de la diffusion de plus en plus vers l'avant ($\theta = 0°$) lorsque la fréquence augmente.

Pour bien mettre en évidence le caractère croissant de la diffusion avec la fréquence nous pouvons tracer la section efficace de diffusion (équation 2.34). Cette section permet d'illustrer l'énergie totale diffusée, ce qui revient à quantifier la diffusion propre à un obstacle. La figure 2.5 propose, pour les mêmes milieux et dimensions que précédemment, la section efficace de diffusion en fonction de la fréquence. L'amplitude de cette section étant proportionnelle à la surface projetée $\left(\pi.a^2 \right)$ de l'objet, il est intéressant de la normaliser par rapport à cette surface.

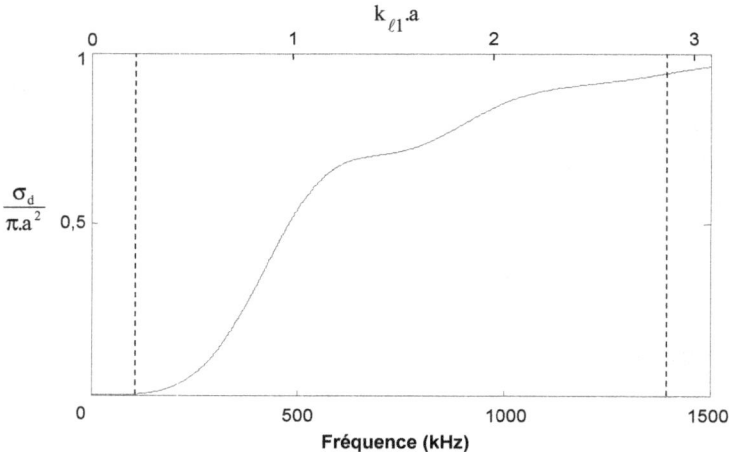

Figure 2.5: *Section efficace de diffusion d'une sphère d'air dans du ciment*

Le caractère croissant de la diffusion avec la fréquence est clairement mis en évidence par la figure 2.5 sur laquelle nous pouvons également repérer des comportements différents suivant la valeur de k.a. Nous observons une faible diffusion à basse fréquence, ce qui correspond au domaine de Rayleigh (k.a << 1), puis une phase de forte croissance de cette diffusion dans le domaine stochastique (k.a ≈ 1). Le domaine géométrique (k.a >> 1) n'est que peu ou pas observable sur cette figure mais correspond à une phase de stabilisation de la diffusion à un niveau équivalent voire légèrement inférieur au maximum observé dans le domaine stochastique.

Les deux traits pointillés indiquent les limites extrêmes des bandes passantes à -12 dB des transducteurs utilisés. Nous nous situons donc essentiellement dans le domaine de transition entre grandes et petites longueurs d'onde. Dans la limite basse, nous approchons le domaine en grandes longueurs d'onde qui est moins sensible à la diffusion.

2.2.5. Obstacle sphéroïdal

Un sphéroïde quelconque peut être défini par trois plans de symétrie perpendiculaires avec des sections elliptiques dans ses trois plans et donc trois rayons différents dans des directions perpendiculaires. Nous limitons volontairement notre étude au cas du sphéroïde dont deux rayons sont égaux tels que représentés sur la figure 2.6.

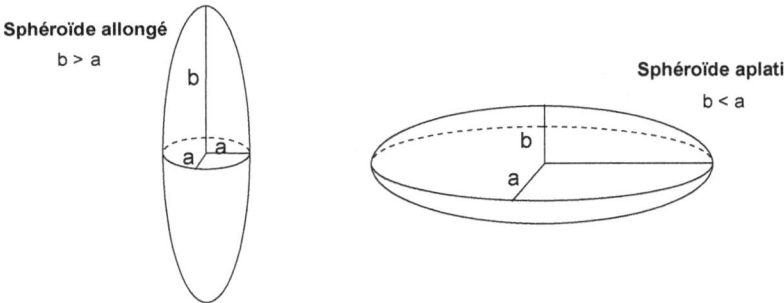

Figure 2.6: *Les géométries des sphéroïdes étudiés*

Nous parlerons de sphéroïde allongé, lorsque b est supérieur à a et de sphéroïde aplati, lorsque b est inférieur à a. Le cas de ces sphéroïdes est traité en détails par Varadan [Var 79], Kristensson [Kri 82] démontre les symétries de la matrice Q et les hypothèses associées.

Pour faciliter les calculs, il est avantageux d'orienter le sphéroïde tel que le plan de symétrie présentant une section circulaire soit le plan $(\bar{x}, \bar{y})$, c'est-à-dire pour $\theta = \pi/2$ (figure 2.7). Sous ces conditions, le rayon du sphéroïde est exprimé par:

$$r(\theta) = \left[\frac{\sin^2(\theta)}{a^2} + \frac{\cos^2(\theta)}{b^2}\right]^{-1/2} \tag{2.43}$$

Un petit élément de surface dS, de normale extérieure $\vec{n}$, sera défini par:

$$\vec{n}.dS = \left[\vec{e}_r - \frac{1}{r(\theta)}\cdot\frac{dr(\theta)}{d\theta}\cdot\vec{e}_\theta\right].r(\theta)^2.\sin(\theta).d\theta.d\phi \tag{2.44}$$

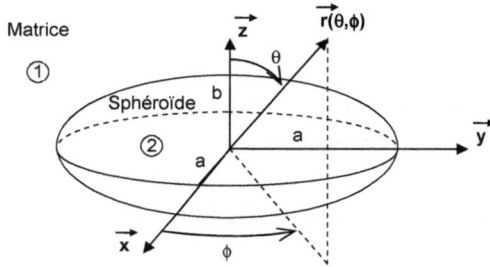

Figure 2.7: *Orientations du sphéroïde*

Lorsque l'obstacle présente, en complément d'une symétrie centrale, une symétrie suivant le plan équatorial $(\theta = \pi/2)$, la matrice $\overline{\overline{Q}}$ vérifie les relations:

$$\overline{\overline{Q}}_{nmpq}^{\sigma v} = \begin{cases} \overline{\overline{Q}}_{nmpq}^{\sigma v}.\delta_{\sigma v}.\delta_{mq} & \text{si } (n+p) \text{ est pair} \\ 0 & \text{si } (n+p) \text{ est impair} \end{cases} \tag{2.45}$$

et $\quad \left(Q^{ij}\right)_{nmpq}^{\sigma v} = 0, \quad ij = 12,21,23,32, \quad \text{si } (n+p) \text{ est pair} \tag{2.46}$

Sous l'action d'une onde longitudinale incidente (équation 2.36) de direction définie par (θ_0, ϕ_0), le champ diffusé en un point $\vec{r}(\theta,\phi)$ de la matrice ① s'écrit:

$$\overrightarrow{u_{\text{diff}}^1}(\vec{r}) = 4.\pi. \sum_{n=0}^{\infty} \sum_{p=0}^{\infty} \sum_{m=0}^{n} \left\{ \xi_{pm}.i^{p-1}.P_p^m \left(\cos(\theta_0)\right).\cos(m.\phi_0) \right.$$

$$\left[\xi_{nm}.\left(T^{11}\right)_{nmpm}^{11}.\vec{\nabla}\left[h_n\left(k_{\ell 1}.r\right)P_n^m(\cos(\theta)).\cos(m.\phi)\right]+ \right. \tag{2.47}$$

$$\left. \left. \left(\frac{k_{t1}}{k_{\ell 1}}\right)^{1/2}.\eta_{nm}.\left(T^{31}\right)_{nmpm}^{11}.\vec{\nabla}\times\vec{\nabla}\times\left[\overrightarrow{e_r}.h_n\left(k_{t1}.r\right)P_n^m(\cos(\theta)).\cos(m.\phi)\right]\right]\right]\right\}$$

Les coefficients $\left(T^{11}\right)_{nmpm}^{11}$ et $\left(T^{31}\right)_{nmpm}^{11}$ sont calculés à partir des équations 2.21 et 2.43 à 2.46 et des coefficients Q^{ij} définis en annexe 1.

2.3. Méthodes d'homogénéisation

Nous avons présenté la description mathématique associée à la diffusion des ondes dans les milieux hétérogènes avec les équations de base de la diffusion multiple et le cas de l'obstacle unique qui permet de définir l'opérateur de diffusion relatif à un obstacle. Nous avons pu mettre en évidence l'importance du rapport fréquence de l'onde sur la taille de l'obstacle par le paramètre k.a mais également les limites imposées au niveau des géométries d'obstacle afin de parvenir à une expression analytique de la diffusion.

Nous définissons d'abord le libre parcours moyen élastique qui est la distance, caractéristique du milieu, sur laquelle l'onde cohérente s'atténue. Nous présentons ensuite le principe d'homogénéisation et une revue des modèles statiques et dynamiques permettant d'établir et justifier notre choix concernant les modèles d'étude. Les modèles retenus font appel aux quantités moyennes que nous définissons. Nous terminons par une description détaillée des modèles retenus et leur extension au cas du béton.

2.3.1. Libre parcours moyen

L'amplitude de l'onde cohérente décroît, dans les milieux atténuants, de manière exponentielle:

$$\left|\varphi(\vec{r})\right| = \varphi_0 . e^{-\alpha.\vec{r}} \qquad (2.48)$$

Cette décroissance s'opère sur une distance caractéristique, appelé le *libre parcours moyen* ℓ. L'atténuation des ondes cohérentes dans le milieu est alors exprimée par Sornette [Sor 89]:

$$\alpha = \frac{1}{\ell} \qquad (2.49)$$

où $\dfrac{1}{\ell} = \dfrac{1}{\ell_e} + \dfrac{1}{\ell_a}$ et ℓ_e est le *libre parcours moyen élastique* dépendant des phénomènes de diffusion des ondes et ℓ_a est le *libre parcours moyen d'absorption*.

L'intensité du champ ultrasonore total dans un milieu hétérogène peut être schématisée [Ish 78] par la figure 2.8 qui permet d'illustrer la transformation qui s'opère dans le milieu depuis les ondes cohérentes vers les ondes incohérentes.

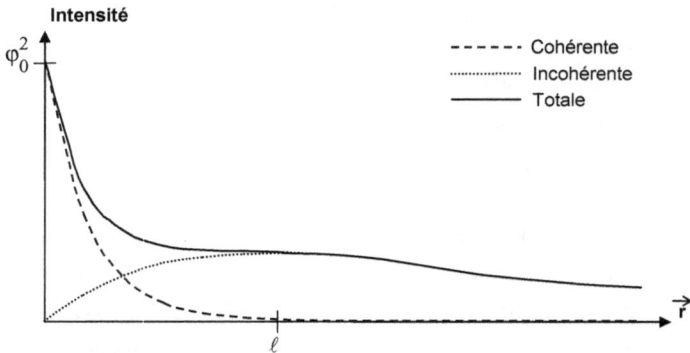

Figure 2.8: *Intensités des champs ultrasonores cohérent, incohérent et total (schéma)*

Pour des distances supérieures à ℓ, le niveau de l'onde cohérente devient négligeable et il est alors nécessaire d'utiliser les équations de diffusion qui décrivent l'évolution de l'intensité incohérente. En ce qui nous concerne, nous limitons notre domaine aux ondes cohérentes et par conséquent nos distances de propagation restent inférieures à ℓ. De plus, dans les milieux hétérogènes solides, la part d'atténuation liée à l'absorption est souvent négligeable par rapport à la diffusion et le libre parcours moyen est alors égal au libre parcours moyen élastique ℓ_e.

Dans le cadre de l'approximation de diffusion simple (équation 2.9), pour une densité volumique n_0 de diffuseurs identiques de section de diffusion σ_d, le libre parcours moyen élastique est donné par:

$$\ell_e = \frac{1}{n_0.\sigma_d} \tag{2.50}$$

La distance "d'extinction" de l'onde cohérente ainsi évaluée permet de connaître la dimension maximale des éprouvettes dans la direction de propagation, pour laquelle l'onde cohérente pourra être exploitée. En pratique, l'onde cohérente est souvent observée jusqu'à des dimensions de l'ordre de quelques libres parcours moyens élastiques [Tou 99]. Ceci provient essentiellement de l'approximation de diffusion simple qui néglige une quantité cohérente de l'onde, ce qui réduit la distance calculée.

Afin d'illustrer nos propos, nous traçons (figure 2.9) le libre parcours moyen élastique calculé à partir de l'équation 2.50 pour un de nos milieux sur lequel portent les validations expérimentales. Nous choisissons celui que nous pensons le plus "diffusant", c'est-à-dire celui pour lequel le libre parcours moyen élastique est le plus petit. Il s'agit d'un milieu composé d'une matrice de ciment et de 30% d'inclusions sphériques d'air de diamètre moyen 2,8 mm.

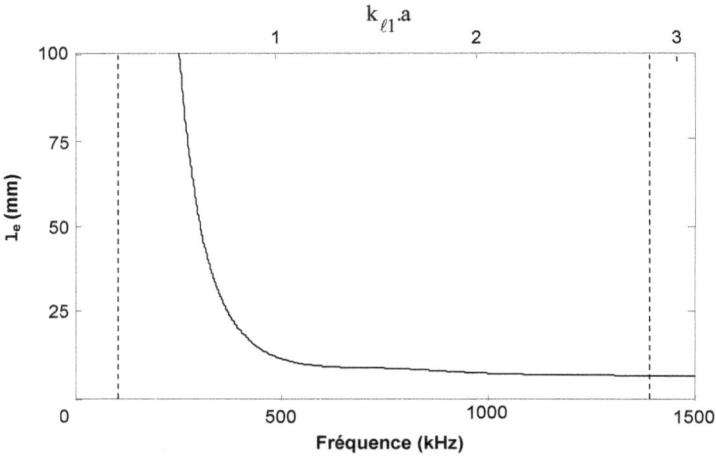

Figure 2.9: *Libre parcours moyen élastique théorique (Ciment +30% sphères d'air de Ø2,8 mm)*

Nous observons que le libre parcours moyen élastique décroît bien avec la fréquence. Nous remarquons des valeurs très importantes dans le domaine de Rayleigh (k.a << 1), suivies d'une forte décroissance dans le domaine stochastique (k.a ≈ 1) puis un comportement asymptotique dans le début du domaine géométrique (k.a > 1).

2.3.2. Principe d'homogénéisation

Les méthodes dîtes "d'homogénéisation" ou de "milieu effectif" consistent à définir un milieu homogène virtuel dont le comportement mécanique macroscopique serait équivalent à celui du milieu hétérogène réel. La figure 2.10 illustre ce principe. La démarche générale est basée sur les équations d'équilibre de la mécanique, les lois de comportement et l'expression des conditions aux limites aux interfaces inclusions/matrice. A partir des données physiques et géométriques du milieu hétérogène, les grandeurs macroscopiques sont construites.

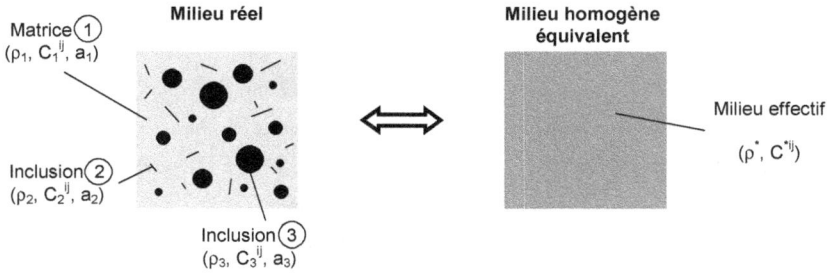

Figure 2.10: *Les méthodes d'homogénéisation*

Les caractéristiques du milieu homogène équivalent seront notées, dans la suite de ce mémoire, par un astérisque. Nous avons choisi les coefficients élastiques C^{ij} comme caractéristiques mécaniques générales pour illustrer le principe. En pratique, l'homogénéisation porte sur des caractéristiques particulières (E et ν ou K et μ, par exemple, pour les milieux isotropes), différentes selon les modèles.

Nous pouvons dès maintenant classer ces modèles en deux grandes catégories: les modèles statiques ont pour équations de départ les équations d'équilibre alors que les modèles dynamiques s'appuient sur l'équation de propagation d'ondes (équation 1.5). Ainsi, dans les premiers, la notion de fréquence n'intervient pas et les modèles ne sont valables qu'en très grande longueur d'onde lorsque la diffusion est négligeable. Dans le cas des modèles dynamiques, la fréquence de l'onde est prise en compte mais peut disparaître suivant les approximations effectuées. La validité de ces derniers est limitée au domaine des basses fréquences.

De manière générale, les modèles statiques proposent d'homogénéiser le milieu à partir des modules de compressibilité (K^*) et de cisaillement (μ^*). Les modèles dynamiques proposent comme caractéristiques équivalentes les nombres d'ondes longitudinale (k_1^*) et transversales (k_t^*) qui définissent dans les vitesses de phase et atténuations de l'onde considérée. Ces quantités seront définies plus précisément dans la suite du paragraphe lors de la présentation des modèles.

2.3.3. Revue des modèles

Nous avons vu que la diffusion d'une onde sur un obstacle présente un caractère fréquentiel marqué et celui-ci se retrouve dans les milieux multi-diffuseurs. Ainsi, on peut déjà dire que les modèles statiques ou les modèles dynamiques ne faisant pas intervenir la fréquence seront trop restrictifs en terme de domaine de validité. Toutefois, ces modèles présentent un formalisme mathématique simple et ils peuvent conduire à des évaluations approchées du module d'élasticité de structures en béton [Mou 02].

2.3.3.1. Modèles statiques

Un recueil d'articles concernant les propriétés élastiques de milieux effectifs [Wan 92] présente les principaux modèles statiques. Nous citerons ceux de Voigt et Reuss qui sont les plus anciens mais aussi les plus simples, et qui fournissent des bornes inférieures et supérieures pour les valeurs de modules K^* et μ^*. Hashin et Strikman réduisent l'écart entre ces bornes, Hill propose une méthode auto-cohérente pour des inclusions sphériques et Wu étend cette méthode aux inclusions sphéroïdales.

Poujol [Pou 94] analyse ces modèles et met en évidence les insuffisances liées à leurs caractères trop approchés dans des milieux hétérogènes atténuants et dispersifs similaires aux nôtres. L'utilisation de ces modèles est restreinte à de très faibles fréquences (k.a << 1), et ne permet pas de décrire le comportement fréquentiel des ondes.

2.3.3.2. Modèles dynamiques

La revue des modèles dynamiques d'homogénéisation, présentée ici, est traitée par degré croissant de complexité. Nous pouvons classer les modèles dynamiques en deux grandes catégories selon que la diffusion multiple (équation 2.8) est prise en compte ou non.

Les modèles les moins complexes font appel à l'approximation de diffusion simple (équation 2.9). Ils proviennent souvent d'extension de modèles statiques au domaine dynamique. Nous citerons Gaunaurd et Wertman [Gau 89] qui proposent une extension du modèle de Kuster-Toksöz présenté dans [Wan 92], Willis [Wil 80] qui définit un schéma auto-cohérent qui est une extension du modèle statique de Hill, et Gross et Zhang [Gro 92] qui prennent en compte des diffuseurs de type fissure. Les domaines de validité de ces modèles restent limités au domaine de Rayleigh voire quelquefois étendus sur une partie du domaine stochastique. Le taux volumique de diffuseurs est souvent limité à quelques pourcents. Des validations expérimentales [Pou 94, Gau 89] confirment ces limites pour des sphères solides dans une matrice fluide ou pour des sphères solides dans une matrice solide.

Afin de pouvoir décrire le comportement des ondes sur l'ensemble du domaine fréquentiel, il est nécessaire de prendre en compte les équations de diffusion multiple. Ceci complique considérablement les formalismes mathématiques employés. La prise en compte de quantités moyennes, présentée dans le paragraphe suivant, permet de lever en grande partie les difficultés de résolution des équations. Parvenir à une forme analytique exploitable pour les caractéristiques de propagation est alors réalisé par l'emploi d'approximations sur les équations moyennes des champs ultrasonores.

Foldy [Fol 45] propose une première approximation sur les champs qui permet de décrire la propagation de l'onde dans un milieu dont les diffuseurs présentent une diffusion isotrope. Dans les milieux réels, cette hypothèse peut généralement être employée lorsque la diffusion dans le milieu est faible, c'est-à-dire lorsque le contraste acoustique entre la matrice et les diffuseurs est peu important, pour des obstacles petits face à la longueur d'onde ou pour des taux volumiques de diffuseurs relativement peu élevés. Eriksson [Eri 95], Zhang et Gross [Zha 93-1, Zha 93-2] proposent une extension de ce modèle en intégrant des diffuseurs anisotropes de type fissures, orientés suivant une direction, ou aléatoirement, mais aucune vérification expérimentale n'est proposée pour confirmer ou infirmer les limites de validité de ces calculs.

Le cas de diffuseurs anisotropes est envisagé par Lax [Lax 52] qui propose une approximation plus tardive dans la suite d'équations. Celle-ci est appelée "l'Approximation Quasi-Cristalline " (QCA en anglais). Les calculs pour parvenir aux caractéristiques de l'onde cohérente moyenne laissent apparaître plusieurs solutions qui conduisent à différents résultats. Des corrélations entre diffuseurs peuvent alors apparaître.

Urick et Ament [Uri 49], sur la base d'une approche très différente du problème, proposent un résultat analytique simple pour le cas de diffuseurs sphériques. Waterman et Truell [Wat 61], à partir du formalisme de Lax, parviennent au même résultat que Urick et Ament et généralisent ce résultat au cas de diffuseurs anisotropes. Twersky [Twe 63] est plus restrictif sur les hypothèses formulées, ce qui a pour conséquence d'obtenir une partie du résultat de Waterman.

Fikioris et Waterman [Fik 64] proposent la "Hole Correction" (QCA-HC) dont les résultats présentent un caractère itératif qui implique la résolution numérique des équations. Dans le même registre, Tsang [Tsa 81, Tsa 82] et Ma et Varadan [Ma 84, Var 85] incluent dans les calculs une fonction de corrélation, la fonction de Percus-Yevick, entre deux diffuseurs pour former la (QCA-PY).

Les validations expérimentales recensées dans la littérature portent sur le modèle de Waterman-Truell (WT) et celui de l'Approximation Quasi-Cristalline associée à la fonction de corrélation de Percus-Yevick (QCA-PY). Pour le premier modèle, divers milieux sont considérés pour l'onde plane longitudinale. Les cas de diffuseurs sphériques fluides ou solides dans une matrice fluide [Mcc 92, Pou 94, Pet 99, Van 00] et celui de diffuseurs solides dans une matrice solide sont traités. L'accord théorie-expérience est souvent observé jusqu'à 30% de diffuseurs dans le milieu en terme de vitesse de propagation. Les résultats concernant l'atténuation sont plus nuancés. Le second modèle, présenté comme mieux adapté pour les milieux plus chargés en diffuseurs, a fait l'objet de validation pour des diffuseurs sphériques solides dans un milieu solide où l'accord théorie-expérience [Var 85] est bon en terme de vitesse pour 5 et 15% de diffuseurs. Vander Meulen [Van 00] obtient de bons accords en vitesse et en atténuation pour des milieux allant jusqu'à 8% de diffuseurs sphériques solides dans une matrice fluide. Pour les hautes fréquences, des différences entre théorie et expérience sont observées. L'introduction de répartition de taille sur les diffuseurs est traitée par Poujol pour le modèle (WT) et par Vander Meulen pour le modèle (QCA-PY). Les résultats restent en bon accord pour des tailles réparties.

Nous présentons, dans la suite de ce chapitre, les formalismes des modèles retenus comme les plus pertinents dans la littérature c'est-à-dire le modèle Waterman-Truell (WT), celui de la "Hole-Correction" (QCA-HC) et celui utilisant la fonction de Percus-Yevick (QCA-PY). Ces trois modèles sont directement issus de la théorie de l'approximation quasi-cristalline de Lax.

2.3.4. Configurations moyennes

Pour résoudre les équations de diffusion multiple précédemment présentées (paragraphe 2.1.), il est nécessaire de considérer des moyennes sur l'ensemble des configurations possibles des diffuseurs dans le milieu hétérogène. Pour cela, nous utilisons des moyennes statistiques définies ci-après.

Soit $p = p(\vec{r}_1, \vec{r}_2,..., \vec{r}_N)$, la probabilité d'obtenir le premier diffuseur à la position $\vec{r}_1$, le second à la position $\vec{r}_2$ et ainsi suite jusqu'au $N^{\text{ème}}$ diffuseur. La probabilité d'obtenir le diffuseur j à la position $\vec{r}_j$ est définie par:

$$p\left(\vec{r}_j\right) = \int_V ... \int p(\vec{r}_1,..., \vec{r}_N) dv_1...dv_{j-1}.dv_{j+1}...dv_N \qquad (2.51)$$

où dv_i est un petit élément de volume centré en $\vec{r}_i$ et V est le volume total accessible aux diffuseurs.

Celle d'obtenir le diffuseur j à la position $\vec{r}_j$ et le diffuseur k à la position $\vec{r}_k$ vaut:

$$p\left(\vec{r}_j, \vec{r}_k\right) = \int_V ... \int p(\vec{r}_1,..., \vec{r}_N) dv_1...dv_{j-1}.dv_{j+1}...dv_{k-1}.dv_{k+1}...dv_N \qquad (2.52)$$

Ainsi, si nous fixons la position $\vec{r}_j$ d'un diffuseur j, il vient que:

$$p(\vec{r}_1,..., \vec{r}_N) = p\left(\vec{r}_j\right).p\left(\vec{r}_1,..., \vec{r}_{j-1}, \vec{r}_{j+1},...\vec{r}_N ; \vec{r}_j\right) \qquad (2.53)$$

où $p\left(\vec{r}_1,..., \vec{r}_{j-1}, \vec{r}_{j+1},...\vec{r}_N ; \vec{r}_j\right)$ est la probabilité conditionnelle de trouver le diffuseur i en $\vec{r}_i$ connaissant la position $\vec{r}_j$ avec $i \in [1; N] \setminus j$.

De même, si l'on connaît les positions $\vec{r}_j$ et $\vec{r}_k$ des diffuseurs j et k, il vient que:

$$p\left(\vec{r}_1,...,\vec{r}_N\right) = p\left(\vec{r}_j,\vec{r}_k\right).p\left(\vec{r}_1,...,\vec{r}_{j-1},\vec{r}_{j+1},...,\vec{r}_{k-1},\vec{r}_{k+1},...,\vec{r}_N;\vec{r}_j,\vec{r}_k\right) \qquad (2.54)$$

où $p\left(\vec{r}_1,...,\vec{r}_{j-1},\vec{r}_{j+1},...\vec{r}_N;\vec{r}_j,\vec{r}_k\right)$ est la probabilité conditionnelle de trouver le diffuseur i en $\vec{r}_i$ connaissant les positions $\vec{r}_j$ et $\vec{r}_k$ avec $i \in [1;N] \setminus j,k$.

Les densités de diffuseurs sont obtenues par:

$$n\left(\vec{r}_j\right) = N.p\left(\vec{r}_j\right) \qquad (2.55)$$

et $\qquad n\left(\vec{r}_j;\vec{r}_k\right) = (N-1).p\left(\vec{r}_j;\vec{r}_k\right) \qquad (2.56)$

La moyenne sur les positions d'une fonction $f\left(\vec{r},\vec{r}_1,...,\vec{r}_N\right)$ exprimée en $\vec{r}$ et dépendante des positions de N diffuseurs vaut:

$$\langle f(\vec{r}) \rangle = \int_V ... \int f\left(\vec{r},\vec{r}_1,...,\vec{r}_N\right) p\left(\vec{r}_1,...,\vec{r}_N\right) dv_1.....dv_N \qquad (2.57)$$

Et si l'on connaît la position du diffuseur j:

$$\left\langle f\left(\vec{r};\vec{r}_j\right) \right\rangle = \int_V ... \int f\left(\vec{r},\vec{r}_1,...,\vec{r}_N\right) p\left(\vec{r}_1,...,\vec{r}_N;\vec{r}_j\right) dv_1...dv_{j-1}.dv_{j+1}...dv_N \qquad (2.58)$$

Ces moyennes statistiques sur l'ensemble des configurations possibles sont appliquées au champ total intégrant la diffusion multiple, défini par les équations 2.6 et 2.7. Ces deux équations forment en fait une série de N équations dont nous extrayons les trois premières valeurs moyennes:

$$\left\{ \langle \varphi(\vec{r}) \rangle = \varphi_{inc}(\vec{r}) + \int_V n(\vec{r}').T(\vec{r}').\left\langle \varphi_E\left(\vec{r}/\vec{r}';\vec{r}'\right) \right\rangle .dv' \right. \qquad (2.59)$$

63

$$\left\langle \varphi_E \left(\vec{r} / \vec{r}_j ; \vec{r}_j \right) \right\rangle = \varphi_{inc} (\vec{r}) + \int_V n\left(\vec{r}' ; \vec{r}_j \right).T(\vec{r}').\left\langle \varphi_E \left(\vec{r} / \vec{r}' ; \vec{r}', \vec{r}_j \right) \right\rangle .dv' \qquad (2.60)$$

$$\left\langle \varphi_E \left(\vec{r} / \vec{r}_j ; \vec{r}_j , \vec{r}_k \right) \right\rangle = \varphi_{inc} (\vec{r}) + \int_V n\left(\vec{r}' ; \vec{r}_j , \vec{r}_k \right).T(\vec{r}').\left\langle \varphi_E \left(\vec{r} / \vec{r}' ; \vec{r}', \vec{r}_j , \vec{r}_k \right) \right\rangle .dv' \qquad (2.61)$$

Les différents modèles dynamiques proposent de rompre cette suite de relations à des niveaux différents pour définir un champ effectif qui décrit la propagation de l'onde cohérente dans le milieu, c'est à dire un champ moyen qui respecte l'équation de Helmoltz (équations 1.7 à 1.9):

$$\left\langle \varphi(\vec{r}) \right\rangle = \varphi_0 .e^{i\left(k^* .\vec{r} \right)} \qquad (2.62)$$

Les caractéristiques de propagation de cette onde (longitudinale ou transversale) sont définies par le nombre d'onde complexe dans le milieu équivalent, k^* (l'astérisque indique le milieu équivalent et non le nombre complexe), dont la partie réelle est en relation avec la vitesse de phase c^* et la partie imaginaire est l'atténuation α^*:

$$k^* = \frac{2.\pi.f}{c^*} + i.\alpha^* \qquad (2.63)$$

2.3.5. Approximation Quasi-Cristalline

Dans le cas cristallin, les diffuseurs sont ordonnés et les fonctions de corrélation entre les positions des diffuseurs sont identifiées. Ainsi, connaître la position d'un diffuseur permet de déterminer l'ensemble des positions des diffuseurs. Les deux premières équations de la suite de relations (équations 2.59 à 2.61) et la position du premier diffuseur suffisent à déterminer le champ effectif. L'approximation quasi-cristalline initiée par Lax [Lax 52] propose de rompre la suite d'équations aux deux premières comme dans le cas cristallin en posant:

$$\left\langle \varphi_E \left(\vec{r} / \vec{r}_j ; \vec{r}_j , \vec{r}_k \right) \right\rangle \approx \left\langle \varphi_E \left(\vec{r} / \vec{r}_j ; \vec{r}_j \right) \right\rangle \qquad (2.64)$$

La relation 2.60 s'écrit alors:

$$\left\langle \varphi_E\left(\vec{r}\,/\,\vec{r}_j\,;\vec{r}_j\right)\right\rangle = \varphi_{inc}(\vec{r}) + \int_V n\left(\vec{r}';\vec{r}_j\right).T(\vec{r}')\left\langle \varphi_E\left(\vec{r}\,/\,\vec{r}';\vec{r}'\right)\right\rangle .dv' \qquad (2.65)$$

Ainsi, seules les équations 2.59 et 2.65 entrent en jeu dans le calcul du champ total. Les définitions de l'opérateur de diffusion $T(\vec{r}')$ et d'une fonction de corrélation entre la position du diffuseur centré en $\vec{r}'$ et celui centré en $\vec{r}_j$ sont nécessaires.

Le calcul est basé sur le premier diffuseur positionné en $\vec{r}_1$. Les équations 2.59 et 2.65 sont réécrites pour ce diffuseur et l'évaluation du champ moyen effectif total $\left\langle \varphi(\vec{r})\right\rangle$ se fait par la résolution du système:

$$\begin{cases} \left\langle \varphi(\vec{r})\right\rangle = \varphi_{inc}(\vec{r}) + \int_V n(\vec{r}').T(\vec{r}')\left\langle \varphi_E\left(\vec{r}\,/\,\vec{r}';\vec{r}'\right)\right\rangle .dv' & (2.66) \\[3mm] \left\langle \varphi_E\left(\vec{r}\,/\,\vec{r}_1\,;\vec{r}_1\right)\right\rangle = \varphi_{inc}(\vec{r}) + \int_V n\left(\vec{r}';\vec{r}_1\right).T(\vec{r}')\left\langle \varphi_E\left(\vec{r}\,/\,\vec{r}';\vec{r}'\right)\right\rangle .dv' & (2.67) \end{cases}$$

Le formalisme précédemment présenté (paragraphe 2.2.) est utilisé pour des diffuseurs sphériques et les différents champs des équations 2.66 et 2.67 sont décomposés sur la base de polynômes de Legendre.

La direction de propagation est considérée suivant $\vec{z}$ et l'origine est prise en $\vec{r}_1$:

$$\left\langle \varphi(\vec{r})\right\rangle = e^{i.k_1.z_1}.\sum_{n=0}^{\infty} a_{n0}.j_n\left(k_1\left|\vec{r}-\vec{r}_1\right|\right)P_n^0\left(\cos\left(\theta_{\vec{r}\,\vec{r}_1}\right)\right) \qquad (2.68)$$

$$\left\langle \varphi_E\left(\vec{r}\,/\,\vec{r}_1\,;\vec{r}_1\right)\right\rangle = \sum_{n=0}^{\infty} E_{n0}\left(z_1\right)j_n\left(k_1\left|\vec{r}-\vec{r}_1\right|\right)P_n^0\left(\cos\left(\theta_{\vec{r}\,\vec{r}_1}\right)\right) \qquad (2.69)$$

$$T\left(\vec{r}_1\right)\left\langle \varphi_E\left(\vec{r}\,/\,\vec{r}_1;\vec{r}_1\right)\right\rangle = \sum_{n=0}^{\infty} E_{n0}\left(z_1\right)T_{n0n0}\left(\vec{r}_1\right)h_n\left(k_1.\left|\vec{r}-\vec{r}_1\right|\right)P_n^0\left(\cos\left(\theta_{\vec{r}\,\vec{r}_1}\right)\right) \qquad (2.70)$$

où a_{n0} sont les coefficients d'expansion connus du champ incident non diffusé, $E_{n0}(z_1)$ sont les coefficients inconnus du champ d'excitation en z_1, $T_{n0n0}\left(\vec{r}_1\right)$ est le coefficient de la T-Matrice pour l'obstacle positionné en $\vec{r}_1$ et k_1 est le nombre d'onde longitudinale dans la matrice.

Les obstacles sont considérés identiques, la dépendance sur la position $\vec{r}_1$ est donc omise dans les équations suivantes.

Les coefficients E_{n0} des champs d'excitation contiennent les informations de multidiffusion. Résoudre le système revient alors à déterminer ces coefficients. La résolution passe par l'introduction des équations 2.68 à 2.70 dans les équations 2.66 et 2.67. Par l'utilisation de propriétés des polynômes de Legendre et des arrangements sur les équations, le système d'équations à résoudre pour obtenir les E_{n0} s'écrit:

$$E_{n0}\left(z_1\right) = e^{i.k_1.z_1}$$
$$+ \sum_{j=0}^{\infty} i^{-j}.T_{j0j0}.\sum_s (-i)^s.\alpha(0,j|0,n|s)\int_V E_{j0}(z').n\left(\vec{r}';\vec{r}_1\right)h_s\left(k_1\left|\vec{r}'-\vec{r}_1\right|\right)P_s^0\left(\cos\left(\theta_{\vec{r}'\vec{r}_1}\right)\right).dv'$$
$$(2.71)$$

où s varie de $\left|j-n\right|$ à $j+n$ et $\alpha\left(k,j|m,n|s\right)$ est défini par Cruzan [Cru 62].

Pour résoudre 2.71, il est nécessaire d'écrire cette équation à la frontière du milieu en $z=0$ (figure 2.11).

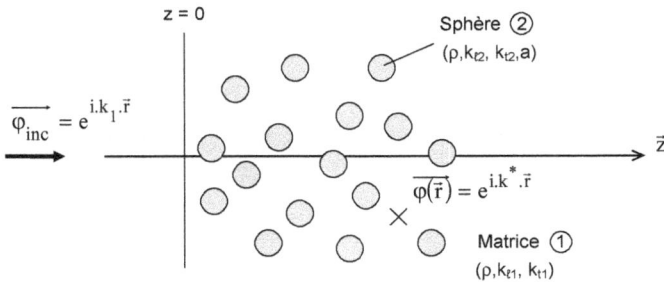

Figure 2.11: *Géométrie du milieu diffusant semi-infini considéré*

A la frontière, l'onde incidente disparaît pour laisser place à l'onde dans le milieu équivalent. Une égalité entre ces champs est écrite, elle est connue en optique sous le nom du théorème d'extinction qui s'exprime par:

$$k^* = k_1 + \frac{2.\pi.n_0}{k_1}.F(0) \tag{2.72}$$

$$\text{où } F(0) = \frac{1}{i.k_1} . \sum_{n=0}^{\infty} i^{-n}.T_{n0n0}.E_{n0}(0) \tag{2.73}$$

$F(0)$ est l'amplitude diffusée en avant par l'ensemble des obstacles et contient les informations relatives à la diffusion multiple par l'intermédiaire des coefficients $E_{n0}(0)$.

Les modèles étudiés ci-après proposent alors différentes solutions pour exprimer la densité conditionnelle $n(\vec{r}';\vec{r}_1)$ et pour résoudre l'intégrale de volume qui présente un point singulier en $\vec{r}_1$. Celui-ci doit être éliminé du calcul par l'exclusion d'un volume le contenant. Les auteurs sont partagés sur ce point et il ne semble pas exister de justification unique qui dégage un choix plutôt qu'un autre pour le volume exclu. Nous présentons donc les principales solutions qui conduisent à différents résultats en terme de constante de propagation k^* pour le milieu effectif.

2.3.5.1. Approche de Waterman-Truell (WT)

Waterman et Truell [Wat 61] considèrent une onde plane se propageant dans un milieu diffusant semi-infini ($z \geq 0$, figure 2.11). Les diffuseurs sont supposés sphériques de rayon a, mais les auteurs précisent que les résultats obtenus sont applicables au cas plus général de diffuseurs anisotropes.

La densité de diffuseurs est constante dans le milieu, ce qui se traduit par:

$$n(\vec{r}) = \begin{cases} n_0 & \text{si } z \geq 0 \\ 0 & \text{si } z < 0 \end{cases} \tag{2.74}$$

La répartition des diffuseurs est supposée aléatoire et l'interpénétration des diffuseurs est impossible. Ceci se traduit par la densité conditionnelle suivante:

$$n(\vec{r}/\vec{r_1}) = \begin{cases} n(\vec{r}) & \text{si } |r - r_1| \geq 2a \\ 0 & \text{si } |r - r_1| < 2a \end{cases} \tag{2.75}$$

Les auteurs montrent que la prise en compte de cette densité conditionnelle conduit au critère de validité suivant:

$$\frac{n_0 . \sigma_d}{k_1} \ll 1 \tag{2.76}$$

où σ_d est la section de diffusion d'un obstacle, k_1 le nombre d'onde dans la matrice.

L'évaluation des E_n par l'équation 2.71 est réalisée en excluant du volume d'intégration V, le volume d'un disque de rayon fini, d'épaisseur $\varepsilon \rightarrow 0$ et positionné au point singulier en $\vec{r_1}$. Le résultat se présente sous la forme:

$$\left(\frac{k^*}{k_1}\right)^2 = \left[1 + \frac{2.\pi.n_0.f(0)}{k_1^2}\right]^2 - \left[\frac{2.\pi.n_0.f(\pi)}{k_1^2}\right]^2 \tag{2.77}$$

où $f(0)$ et $f(\pi)$ correspondent aux amplitudes diffusées en avant et en arrière sur un obstacle (paragraphe 2.2.).

L'équation 2.77 est le résultat central du modèle de Waterman-Truell. Nous voyons apparaître la dépendance de la vitesse et de l'atténuation équivalentes à la fréquence de l'onde, à la densité d'obstacles (n_0) et à la taille d'inclusions comprise dans les fonctions de diffusion en amplitude.

2.3.5.2. Approche dite de "Hole-Correction" (QCA-HC)

Fikioris et Waterman [Fik 64] reprennent les mêmes hypothèses que pour le modèle de Waterman-Truell, mais remettent en cause la validité du choix du volume exclu lors de l'intégration. Ils choisissent d'exclure non plus un disque mais une sphère de rayon b = 2a, centré en $\vec{r}_1$ où a est le rayon des inclusions sphériques. Ce choix ne permet pas d'obtenir une forme analytique aussi simple que l'équation 2.77.

La solution s'écrit:

$$
\left\{
\begin{array}{l}
k^* = k_1 + \dfrac{2.\pi.n_0}{i.k_1^{\,2}} . \displaystyle\sum_{n=0}^{\infty} i^{-n}.E_{n0}(0).T_{n0n0} \qquad\qquad\qquad (2.78) \\[4mm]
E_{n0}(0) = n_0 . \displaystyle\sum_{j=0}^{\infty} i^{-j}.E_{j0}(0).T_{j0j0}.\sum_s \alpha(0,j|0,n|s).d_s\left(k_1,k^*|b\right) \qquad (2.79)
\end{array}
\right.
$$

$$
\text{avec } d_s\left(k_1,k^*|b\right) = -\dfrac{4.\pi.b^2}{\left(k^{*2}-k_1^{\,2}\right)} . \left[k_1.h_s{}'\left(k_1.b\right)j_s\left(k^*.b\right) - k^*.h_s\left(k_1.b\right)j_s{}'\left(k^*.b\right) \right] \qquad (2.80)
$$

En pratique, obtenir une solution non triviale pour les E_{n0}, revient à chercher k^* complexe qui annule le déterminant du système (équation 2.79). Fikioris montre que, pour le domaine des basses fréquences (k.a ≪ 1), ce dernier résultat correspond à celui de Waterman-Truell (équation 2.77).

2.3.5.3. Approche de corrélation de Percus-Yevick (QCA-PY)

Tsang et Kong [Tsa 81, Tsa 82] et Ma et Varadan [Ma 84, Var 85] utilisent la même solution d'intégration que Fikioris mais imposent des corrélations entre les positions des diffuseurs par la fonction de Percus-Yevick. La densité conditionnelle est alors modifiée par:

$$
n\left(\vec{r}\,/\,\vec{r}_1\right) = \left\{
\begin{array}{ll}
n(\vec{r}).g(r) & \text{si } |r-r_1| \geq 2a \\[2mm]
0 & \text{si } |r-r_1| < 2a
\end{array}
\right. \qquad\qquad (2.81)
$$

où g(r) est la fonction de Percus-Yevick.

Cette fonction [Tsa 82, Van 00] impose une densité conditionnelle plus importante lorsque la distance entre les diffuseurs est faible. Elle s'avère utile lorsque les milieux sont fortement chargés en diffuseurs.

Les équations obtenues pour le calcul du nombre d'onde dans le milieu effectif sont:

$$\left\{ \begin{array}{l} k^* = k_1 + \dfrac{2.\pi.n_0}{i.k_1^2} . \sum_{n=0}^{\infty} i^{-n} . E_{n0}(0) . T_{n0n0} \hspace{2cm} (2.82) \\[3mm] E_{n0}(0) = n_0 . \sum_{j=0}^{\infty} i^{-j} . E_{j0}(0) . T_{j0j0} . \sum_s \alpha(0, j|0, n|s) \big[d_s(k_1, k^*|b) + M_s(k_1, k^*|b) \big] \hspace{0.5cm} (2.83) \end{array} \right.$$

avec $\quad M_s(k_1, k^*|b) = \int_b^{+\infty} r^2 . (g(r)-1) . h_s(k_1.r) . j_s(k^*.r) dr$ \hspace{2cm} (2.84)

De même que pour le modèle précédent, une solution non triviale pour les E_{n0} est obtenue par le nombre d'onde k^* qui annule le déterminant du système (équation 2.83).

2.4. Extension des modèles au cas des bétons

Au niveau structurel, nous observons dans le béton une matrice de ciment contenant deux types de diffuseurs de natures, formes et tailles différentes et présentant des répartitions de taille. Nous traitons dans ce paragraphe les solutions qui permettent de modéliser au mieux le milieu d'étude. Ainsi, nous proposons tout d'abord de prendre en compte l'atténuation qui peut être observée dans la matrice. Puis nous présentons les solutions d'introduction de répartition de taille de diffuseurs ainsi que la combinaison des types de diffuseurs. Enfin, l'aspect de la modélisation géométrique associée aux diffuseurs est abordé.

2.4.1. Prise en compte d'une matrice atténuante

La prise en compte d'une matrice atténuante est réalisée en introduisant dans les équations précédentes un nombre d'onde complexe pour la matrice dont la partie imaginaire correspond à l'atténuation (équation 2.63, exprimée pour la matrice). De plus, ce nombre peut dépendre de la fréquence de l'onde afin de rendre compte de la dispersion.

Waterman et Truell [Wat 61] prévoient dès la construction du modèle (WT), la possibilité d'introduire un nombre complexe pour k_1. Les modèles de Hole-Correction (QCA-HC) et celui utilisant la fonction de Percus-Yevick (QCA-PY) offrent cette possibilité qui n'est pas envisagée par les différents auteurs. Ce point n'a pas fait l'objet, dans la littérature, de validations expérimentales.

2.4.2. Introduction de répartitions de taille

La prise en compte de répartitions de taille a déjà été envisagée par les auteurs pour les modèles d'étude. Pour le modèle (WT) la solution du moyennage sur les tailles des fonctions d'amplitude proposées par Waterman est validée expérimentalement par Peters [Pet 99] et Poujol [Pou 94]. L'équation 2.77 se réécrit:

$$\left(\frac{k^*}{k_1}\right)^2 = \left[1 + \frac{2.\pi.n_0.\langle f(0)\rangle}{k_1^{\,2}}\right]^2 - \left[\frac{2.\pi.n_0.\langle f(\pi)\rangle}{k_1^{\,2}}\right]^2 \qquad (2.85)$$

où $\langle f(\theta)\rangle = \int\limits_{a} p(a).f(\theta,a).da$ et $p(a)$ est la fonction de répartition de taille de

diffuseurs.

Pour les modèles de Hole-Correction (QCA-HC) et celui de corrélation de Percus-Yevick (QCA-PY), la moyenne porte sur les coefficients de la matrice $\overline{\overline{T}}$ [Var 85]. Nous présentons uniquement les équations modifiées du modèle de (QCA-PY), celles de (QCA-HC) pouvant être déduit en posant g(r)=1.

Pour des diffuseurs sphériques, les équations deviennent:

$$\left\{ k^* = k_1 + \frac{2.\pi.n_0}{i.k_1^{\,2}}.\sum_{n=0}^{\infty} i^{-n}.E_{n0}(0)\langle T_{n0n0}\rangle \right. \qquad (2.86)$$

71

$$E_{n0}(0) = n_0 \cdot \sum_{j=0}^{\infty} i^{-j} . E_{j0}(0) . \left\langle T_{j0j0} \right\rangle . \sum_s \alpha(0, j | 0, n | s) . \left[d_s \left(k_1, k^* | b \right) + M_s \left(k_1, k^* | b \right) \right] \qquad (2.87)$$

$$\text{où} \left\langle T_{n0n0} \right\rangle = \int_a p(a) . T_{n0n0}(a) . da \qquad (2.88)$$

Vander Meulen [Van 00] propose des validations expérimentales de ces quantités qui montrent un bon comportement pour des répartitions gaussiennes assez resserrées.

2.4.3. Combinaison de plusieurs types de diffuseurs

Dans sa formulation initiale, Waterman envisage le cas de diffuseurs différents en proposant d'utiliser l'équation 2.85 et une moyenne, non plus sur les tailles, mais sur d'autres paramètres qui peuvent être les types de diffuseurs par exemple:

$$\left\langle f(\theta) \right\rangle = \int_\alpha p(\alpha) . f(\theta, \alpha) . d\alpha \qquad (2.89)$$

où α est le type de diffuseurs et $p(\alpha)$ une fonction de répartition des types de diffuseurs.

Pour les modèles de (QCA-HC) et (QCA-PY) un moyennage peut également être réalisé mais il doit alors porter sur l'ensemble des modes m qui sont restreints à m=0 pour la sphère.

Les équations s'écrivent pour le modèle de (QCA-PY):

$$\begin{cases} k^* = k_1 + \dfrac{2.\pi.n_0}{i.k_1^2} . \sum_{n=0}^{\infty} \sum_{p=0}^{\infty} \sum_{m=0}^{n} i^{-n} . E_{pm}(0) . \left\langle T_{nmpm} \right\rangle & (2.90) \\[2em] E_{pm}(0) = n_0 \cdot \sum_{j=0}^{\infty} \sum_{h=0}^{\infty} \sum_{k=0}^{j} i^{-j} . E_{hk}(0) . \left\langle T_{jkhk} \right\rangle . \sum_s \alpha(k, j | m, p | s) . \left[d_s \left(k_1, k^* | b \right) + M_s \left(k_1, k^* | b \right) \right] \end{cases}$$

(2.91)

$$\text{où} \quad \left\langle T_{nmpm} \right\rangle = \int_{\alpha} p(\alpha).T_{nmpm}(\alpha).d\alpha \qquad (2.92)$$

Ces formulations portant sur différents types de diffuseurs n'ont pas fait l'objet de validations expérimentales. La combinaison de moyennage sur les types et les tailles de diffuseurs est alors possible par l'utilisation simultanée des notions présentées dans ce paragraphe et dans le précédent.

2.4.4. Géométrie des diffuseurs

La description de la structure du béton et de son endommagement dans les modèles de propagation est possible par la prise en compte de la répartition de taille, l'intégration de plusieurs diffuseurs ou encore par l'introduction d'une matrice atténuante. Le dernier point qui reste à traiter concerne la modélisation géométrique des diffuseurs. C'est ici que nous voyons apparaître des différences notables. Cependant, nous cherchons des formes géométriques dont les champs diffusés seraient équivalents en moyenne à ceux des diffuseurs réels présents dans le béton.

Les principaux diffuseurs dans le béton sont les inclusions de roche qui entrent dans la composition et les microfissures qui se développent lors d'un chargement thermique. Pour ces deux types de diffuseurs, il n'existe pas d'orientation préférentielle. Parmi les obstacles dont les formes permettent les calculs des champs diffusés, nous en retenons quelques-unes que nous introduirons dans les modèles de propagation. La figure 2.12 regroupe les formes simples associées aux inclusions réelles.

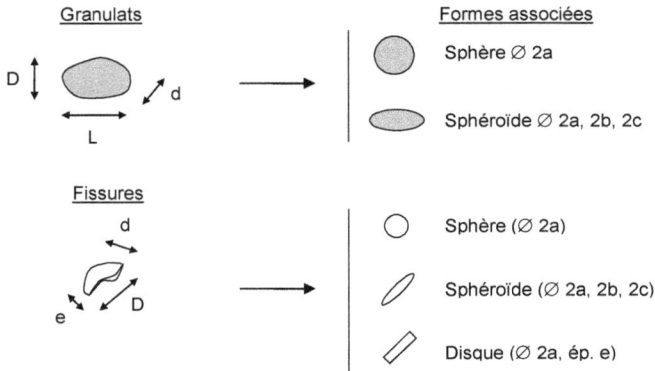

Figure 2.12: *Choix des géométries associées aux diffuseurs réels*

Les granulats sont caractérisés par trois dimensions qui restent du même ordre de grandeur, c'est-à-dire que l'on ne parlera pas de direction prépondérante par rapport à d'autre. En première approche, on peut retenir que le rapport L/d ne dépasse que rarement 2. Les géométries retenues sont la sphère et le sphéroïde.

Les fissures que l'on peut caractériser par trois dimensions également présentent, par contre, une petite dimension (e) par rapport aux deux autres (D et d). Les géométries qui s'approchent le plus de la fissure sont le sphéroïde et le disque. Cependant, si l'on considère que les fissures sont aléatoirement orientées dans le ciment, la diffusion moyenne peut alors éventuellement être décrite par celle d'une sphère équivalente. C'est donc une géométrie que nous retenons.

Cette dernière géométrie est celle que nous privilégions pour l'ensemble des diffuseurs, dans un premier temps, car elle est relativement simple à mettre en œuvre et peut être suffisante dans les milieux aléatoires.

2.5. Conclusion

Nous avons présenté dans ce chapitre les notions et le formalisme mathématique associés à la diffusion des ondes dans les milieux hétérogènes. La diffusion sur un obstacle est traitée par un opérateur linéaire matriciel, la T-Matrice, pour divers obstacles de géométries données. La diffusion multiple est décrite et les approximations conduisant à des modèles de propagation dans les milieux hétérogènes sont présentées. Une revue des modèles d'homogénéisation a permis de dégager trois modèles de propagation qui sont étudiés. Leurs extensions au cas des bétons sont proposées par diverses modifications. Ces modèles permettent de définir les paramètres acoustiques d'un milieu équivalent à partir des caractéristiques des composantes du milieu.

La bibliographie présente diverses études expérimentales de validation des modèles qui mettent en évidence leurs limites. Il ressort que pour des milieux modèles, la limite en terme de taux volumique de diffuseurs est de l'ordre de 30 à 40% pour le modèle de Waterman-Truel (WT) et est quelquefois supérieure pour celui de la (QCA-PY). Les modèles restent valables sur tout le domaine fréquentiel.

Les milieux fluides sont les plus souvent envisagés dans la littérature. Les modèles sont *a priori* exploitables dans les milieux à matrices solides. On peut toutefois remarquer que la définition du champ d'excitation des diffuseurs ne fait apparaître que des ondes diffusées du même type que l'onde incidente. Ceci revient à négliger les conversions de mode dans les équations de diffusion multiple mais pas dans la diffusion sur un obstacle. Les résultats des quelques validations effectuées sur des milieux solides montrent que cette hypothèse semble valide mais elle reste cependant à confirmer.

Les différences entre les modèles ne semblent intervenir réellement qu'à forte densité de diffuseurs. Le formalisme mathématique obtenu pour le modèle (WT) est de loin le plus simple des trois modèles.

L'extension des modèles au cas du béton est possible par les prises en compte de répartitions sur la taille et sur le type de diffuseurs mais également par l'introduction d'une matrice visqueuse. Les répartitions de taille ont déjà fait l'objet de validations expérimentales pour les modèles (WT) et (QCA-PY). Le choix des géométries de diffuseurs est restreint à quelques formes simples qui peuvent cependant suffire à décrire le béton. Les limites en terme de taux volumique de diffuseurs semblent critiques vis-à-vis de la composition de notre milieu (près de 70% de granulats). Cependant, l'étalement des tailles nous permet de penser que les petites dimensions (exemple du sable dans le béton) n'auront que peu d'influence sur la propagation de l'onde et que ce pourcentage cumulé ne sera pas celui à retenir dans les modèles.

Chapitre 3

Etude et validation d'une chaîne de mesure ultrasonore adaptée aux bétons

Le deuxième chapitre a permis de dégager des modèles de propagation susceptibles de décrire le comportement des ondes ultrasonores dans le béton. Ces modèles directs permettent, à partir des caractéristiques physiques et géométriques des constituants en présence, d'évaluer la vitesse de phase et l'atténuation dans le milieu hétérogène. Ils sont basés sur des quantités moyennes portant sur l'ensemble des positions possibles des diffuseurs. Il n'est pas envisageable, expérimentalement, d'obtenir les paramètres ultrasonores moyens sur cet ensemble mais il est possible d'observer un nombre fini de réalisations. Nous avons choisi, dans ces milieux hétérogènes solides, de prendre en compte les moyennes spatiales.

Nous étudions et validons, dans ce chapitre, une chaîne expérimentale adaptée à l'obtention de la vitesse et de l'atténuation des ondes ultrasonores, dans un milieu hétérogène, par moyennage spatial. Les milieux d'étude imposent des essais à basses fréquences qui conduisent à des tailles de transducteurs et d'éprouvettes relativement importantes. Nous avons opté pour des mesures par comparaisons, en transmission d'ondes, en immersion.

Nous présentons tout d'abord la chaîne expérimentale, la procédure de mesure, ainsi que le calcul menant à la correction de divergence du faisceau ultrasonore. Cet ensemble est ensuite validé sur un milieu simple: l'eau. Nous proposons enfin un calcul d'incertitude qui a permis d'attribuer à la mesure un bon degré de qualité.

3.1. Présentation de la chaîne de mesure

La chaîne de mesure est réalisée afin d'obtenir les paramètres de propagation des ondes ultrasonores dans des bétons. Cette chaîne est adaptée à la géométrie des éprouvettes répondant au besoin d'exploitation de signaux moyennés spatialement et à des contraintes de fabrication liées aux matériaux. Nous présentons l'ensemble des éléments de la chaîne et définissons ensuite la géométrie d'éprouvette retenue qui permet l'obtention de moyennes spatiales.

3.1.1. Dispositif expérimental

Le dispositif expérimental est représenté sur la figure 3.1. Il se compose de trois parties: la partie électrique, la partie mécanique et la partie informatique.

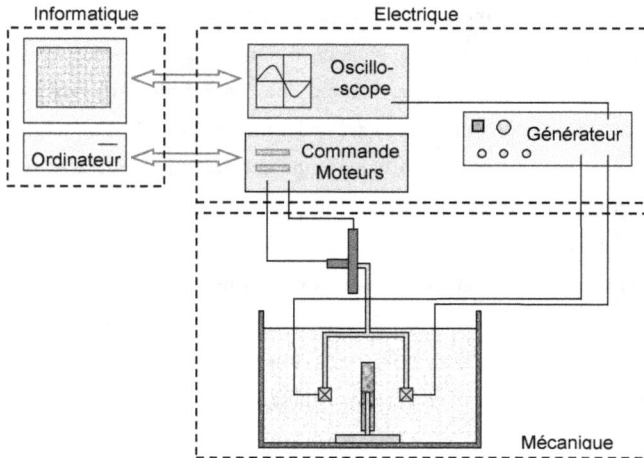

Figure 3.1: *Dispositif expérimental*

Etude et validation d'une chaîne de mesure ultrasonore adaptée aux bétons

La partie électrique permet de piloter les moteurs et transducteurs utilisés. Ses principaux composants sont une commande de moteurs (Micro-Contrôle), un générateur impulsionnel (Sofranel 5058 PR) adapté aux transducteurs basses fréquences, un oscilloscope (Lecroy 9410) et trois couples de transducteurs (tableau 3.1). Chaque transducteur possède sa propre bande passante, nous indiquons, dans le tableau, les bandes passantes les plus étroites correspondant au couple spécifié.

Couple de transducteurs	Fréquence nominale (kHz)	Bande passante (kHz)		Diamètre de l'élément actif
		à -6 dB	à -12 dB	
(2x) Panametrics V1012	250	120-370	110-375	1 pouce ½ (= 38,1 mm)
Panametrics V101 et V301	500	355-655	290-710	1 pouce (= 25,4 mm)
Panametrics V302 et HBS HCC 1/25	1000	630-1270	500-1400	1 pouce (= 25,4 mm)

Tableau 3.1: *Caractéristiques des transducteurs (données constructeurs)*

Le domaine fréquentiel défini par les constructeurs s'étend donc de 120 kHz à 1,27 MHz pour une bande passante de -6 dB et permet de couvrir le domaine correspondant à l'auscultation du béton. Nous donnons également les bandes passantes à -12 dB dans lesquelles nous mènerons l'étude de validation de la chaîne de mesure.

La partie mécanique répond au besoin de positionnement des capteurs entre eux et par rapport à la pièce, et à la nécessité de balayer le plan de la pièce. Les essais sont menés en immersion afin de travailler dans le champ lointain des capteurs et d'avoir un couplage reproductif entre les transducteurs et la pièce. Cette partie mécanique est un système à 6 degrés liberté (faisceau/pièce) qui permet d'obtenir le positionnement précis des deux transducteurs par rapport à la pièce (figure 3.2).

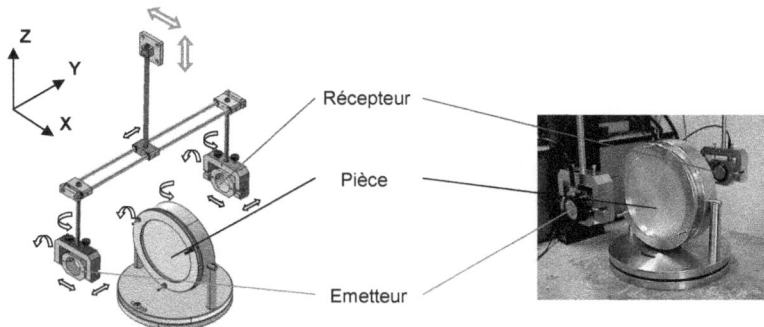

Figure 3.2: *Montage expérimental (partie mécanique)*

Les doubles flèches en traits épais rouges correspondent aux axes linéaires commandés par deux moteurs électriques. Les doubles flèches en traits fins noirs représentent les réglages possibles afin d'optimiser les positions des transducteurs et de la pièce.

La partie informatique réalise la synchronisation des mouvements avec l'enregistrement des signaux et permet le traitement ultérieur des signaux recueillis. L'ensemble du traitement informatique est réalisé à l'aide des logiciels Labview® et Matlab®.

L'immersion des bétons permet d'avoir pour l'ensemble des éprouvettes un état de saturation en eau identique. Seul les échantillons traités thermiquement ne sont immergés qu'au moment de la mesure pour limiter leur reprise d'eau.

3.1.2. Géométrie des éprouvettes

Nous avons retenu deux géométries d'éprouvettes pour les auscultations ultrasonores. Une première géométrie assure l'obtention de moyennages spatiaux de signaux nécessaires à la validation du modèle d'étude et une seconde permet de se rapprocher de l'aspect industriel lié aux mesures dans le génie civil.

Afin d'obtenir des moyennes spatiales significatives, la première géométrie retenue est de type plaque où deux dimensions sont grandes par rapport à la troisième. Les tirs ultrasonores seront effectués suivant la petite dimension, c'est-à-dire l'épaisseur. Afin de disposer d'un maximum de signaux à moyenner, nous cherchons à avoir les dimensions les plus étendues possibles du plan perpendiculaire aux tirs ultrasonores. Compte tenu des contraintes de fabrication, la géométrie retenue est un disque de diamètre 250 mm et d'épaisseur 45 mm (figure 3.3).

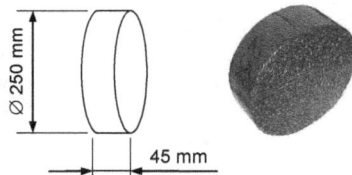

Figure 3.3: *Eprouvette de géométrie spécifique*

La seconde géométrie est de type cylindrique (figure 3.4) et correspond à des éprouvettes et carottes classiquement utilisées pour les essais réalisés sur des bétons (résistance à la compression, module d'élasticité, ...).

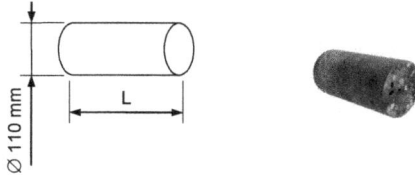

Figure 3.4: *Eprouvette représentative de celles utilisées dans le génie civil*

Le diamètre initial est de 110 mm et la longueur initiale des éprouvettes fabriquées est de 220 mm. Celle-ci peut être réduite par une simple découpe à la scie. Dans notre cas, la longueur est de 70 mm.

3.2. Etude de la procédure de mesure

L'ensemble de la chaîne de mesure est utilisé dans sa plage de fonctionnement. Après vérification de la linéarité de fonctionnement, nous modélisons la chaîne de mesure par:

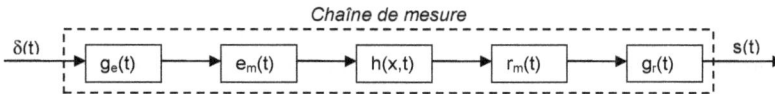

Figure 3.5: *Modélisation de la chaîne de mesure*

avec $\delta(t)$, l'impulsion initiale,

$g_e(t)$, la réponse impulsionnelle associée au générateur,

$e_m(t)$, la réponse impulsionnelle associée au transducteur émetteur,

$h(x,t)$, la réponse impulsionnelle associée à la propagation de l'onde dans le milieu et sur une distance x,

$r_m(t)$, la réponse impulsionnelle associée au transducteur récepteur,

$g_r(t)$, la réponse impulsionnelle associée à l'amplificateur de sortie et à l'oscilloscope,

$s(t)$, le signal reçu.

Les réponses impulsionnelles des différents câbles et connectiques sont incluses dans les fonctions associées aux appareils.

Dans le domaine temporel, le signal s'écrit:

$$s(t) = g_r(t) * r_m(t) * h(x,t) * e_m(t) * g_e(t) * \delta(t) \qquad (3.1)$$

où * est le produit de convolution.

Dans le domaine fréquentiel, nous obtenons:

$$S(f) = G_r(f).R_m(f).H(x,f).E_m(f).G_m(f) \qquad (3.2)$$

$S(f)$ est le spectre fréquentiel complexe obtenu par la mesure. Nous observons que ce spectre dépend directement des éléments de la chaîne $\left(G_r, R_m, E_m, G_e\right)$ et que déduire les caractéristiques du milieu $H(x,f)$ ne peut se faire qu'en connaissant parfaitement la chaîne. En pratique, la mesure par comparaison entre un signal dans le milieu interrogé et un signal de référence permet d'obtenir $H(x,f)$ en étant indépendant de la chaîne de mesure. Cette méthode par comparaison est présentée dans le paragraphe suivant.

3.2.1. Modélisation de la mesure par comparaison

Nous utilisons le principe de mesure par comparaison qui consiste à analyser, à partir de la même chaîne de mesure, deux signaux obtenus dans un milieu de référence et dans le milieu que l'on souhaite caractériser (figure 3.6).

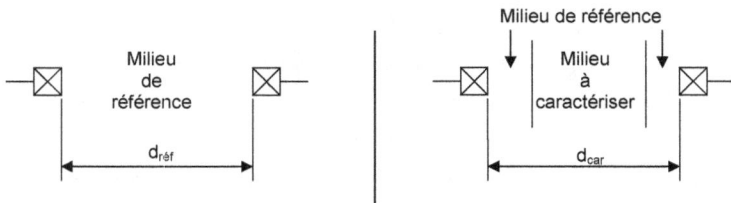

Figure 3.6: *La mesure par comparaison*

Les spectres fréquentiels dans chacun des milieux s'écrivent:

$$S_{réf}(f) = G_r(f).R_m(f).H_{réf}(d_{réf}, f)E_m(f).G_e(f) \quad (3.3) \qquad S_{car}(f) = G_r(f).R_m(f).H_{car}(d_{car}, f)E_m(f).G_e(f) \quad (3.4)$$

La fonction de transfert du milieu à caractériser (intégrant les interfaces) s'obtient par:

$$H_{car}(d_{car}, f) = \frac{S_{car}(f)}{S_{réf}(f)}.H_{réf}(d_{réf}, f) \qquad (3.5)$$

L'acquisition des signaux dans les deux milieux $(S_{réf}, S_{car})$ et la connaissance de la fonction de transfert du milieu de référence $(H_{réf})$ permettent l'obtention de la fonction de transfert du milieu ausculté (H_{car}).

Les essais se faisant en immersion, nous choisissons l'eau comme milieu de référence. Elle a l'avantage de présenter des caractéristiques ultrasonores entraînant de faibles dispersion et atténuation [He 01].

Nous définissons, dans un premier temps, la fonction de transfert de l'eau par une mesure par comparaison sur deux distances différentes (d_1 et d_2). L'équation 3.5 se réécrit:

$$H_{eau}(d_1, f) = \frac{S_{d_1}(f)}{S_{d_2}(f)}.H_{eau}(d_2, f) \qquad (3.6)$$

où S_{d1} et S_{d2} sont les signaux obtenus dans l'eau pour les distances d_1 et d_2.

Nous obtenons, dans un second temps, la fonction de transfert du milieu à caractériser par:

$$H_{eau}(d_1, f) = \frac{S_{d_{1m}}(f)}{S_e(f)}.H_{car}(d_1, f) \qquad (3.7)$$

où S_{d1m} est le signal obtenu dans l'eau sur une distance d_1 et S_e est le signal obtenu pour la propagation dans le milieu d'épaisseur e, et dans l'eau sur une distance (d_1-e).

C'est dans les fonctions de transfert des différents milieux que nous verrons apparaître les paramètres ultrasonores recherchés que sont la vitesse de phase et l'atténuation des ondes dans le milieu.

3.2.2. Prise en compte du champ ultrasonore d'un transducteur piézo-électrique

Afin de définir les fonctions de transfert dans les milieux de propagation, nous définissons le champ ultrasonore émis par un transducteur piézo-électrique et nous proposons un coefficient de correction de la divergence du faisceau.

3.2.2.1. Répartition de la pression ultrasonore

De part la géométrie de dimensions finies de la source utilisée pour générer les ultrasons, il apparaît dans le milieu de propagation un phénomène de diffraction du champ ultrasonore émis. Les transducteurs utilisés sont de section circulaire et se composent de pastilles piézo-électriques en forme de piston (figure 3.7). Dans ce cas, le champ émis présente une géométrie de révolution autour de l'axe $\bar{z}$ et la représentation du champ dans un plan perpendiculaire à la section circulaire est suffisante pour le décrire.

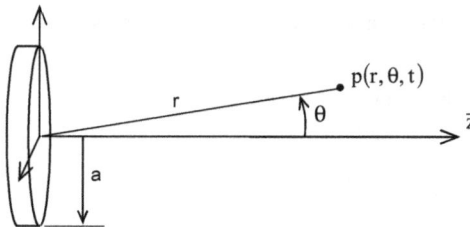

Figure 3.7: *Piston émetteur*

La pression ultrasonore sur l'axe du faisceau $(p(r,0,t))$ permet de rendre compte du comportement général et s'exprime par:

$$p(r,0,t) = 2.\rho.c.U_0 \left| \sin\left(\frac{1}{2}.k.\left(\sqrt{a^2 + r^2} - r \right) \right) \right|.e^{-i.\omega.t} \qquad (3.8)$$

où ρ est la masse volumique du milieu, c est la vitesse de l'onde dans le milieu,
U_0 est un terme d'amplitude dépendant de l'impulsion électrique reçue par la
pastille piézo-électrique et k est le nombre d'onde dans le milieu.

Nous représentons, sur la figure 3.8, cette pression en fonction de la distance depuis le centre du piston pour la fréquence nominale d'un capteur utilisé pour une propagation dans de l'eau à 20°C, c'est-à-dire pour une vitesse de l'onde longitudinale de ~ 1482 m.s^{-1} [Del 72]. La fréquence vaut 500 kHz et le diamètre est de 25,4 mm.

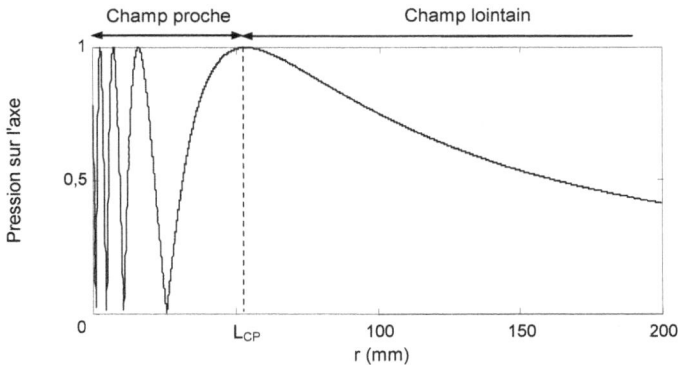

Figure 3.8: *Répartition de pression ultrasonore sur l'axe du faisceau*

Le champ proche correspond au début perturbé de la courbe et le champ lointain à la partie finale où l'on observe une décroissance continue. La limite entre le champ proche et le champ lointain définit la longueur en champ proche L_{CP}, qui correspond au dernier maximum observé sur la courbe:

$$L_{CP} = \frac{a^2}{\lambda} \qquad (3.9)$$

où $\lambda = c / f$ est la longueur d'onde dans le milieu.

Pour les trois capteurs utilisés, nous traçons, sur la figure 3.9, les valeurs des longueurs en champ proche dans l'eau, sur leurs bandes passantes à -12 dB (données constructeurs).

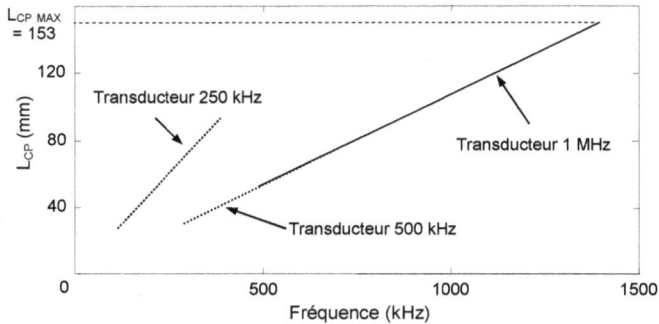

Figure 3.9: *Longueurs en champ proche dans l'eau pour les transducteurs utilisés*

Dans le champ proche, la pression suit une évolution présentant une succession de maxima et minima dont les positions axiales dépendent du rayon du transducteur, de la fréquence de l'onde et du milieu de propagation. Prévoir précisément la pression dans cette zone s'avère complexe et les validations expérimentales difficiles [Ros 86].

Il est donc judicieux d'utiliser le champ lointain $\left(r > L_{CP}\right)$ des transducteurs de part la relative simplicité de sa description théorique. La décroissance observée pour la pression le long de l'axe résulte de la divergence du faisceau autour de son axe. L'expression de cette pression en champ lointain, pour un angle θ quelconque, peut être correctement approchée par:

$$p(r, \theta, t) \approx i.\frac{\rho.c.k.U_0.a^2}{2.r}.e^{i.(k.r - \omega.t)}\left[\frac{2.J_1(k.a.\sin(\theta))}{k.a.\sin(\theta)}\right] \qquad (3.10)$$

où J_1 est la fonction de Bessel de $1^{\text{ère}}$ espèce et d'ordre 1.

En représentation polaire sur la figure 3.10, nous pouvons observer les diagrammes d'émission normalisés correspondant à deux des capteurs utilisés dont les diamètres sont les mêmes (25,4 mm) et les fréquences nominales sont différentes (500 kHz et 1 MHz).

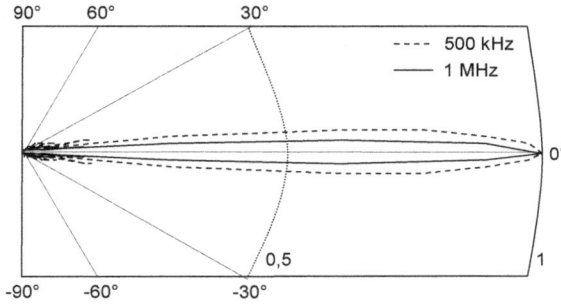

Figure 3.10: *Répartition spatiale de la pression en champ lointain*

La figure 3.10 met en évidence que, pour un même diamètre, plus la fréquence est élevée, moins le champ est réparti dans l'espace. De même, on peut montrer que plus le rayon du transducteur émetteur est important, moins la répartition est étalée.

3.2.2.2. Correction de la divergence du faisceau

L'intégration de l'équation 3.10 sur la surface du transducteur récepteur permet d'obtenir l'équation de l'onde reçue en champ lointain. C'est une onde quasi-plane que l'on peut écrire comme le produit d'une onde plane $\left(e^{i.k(f).x}\right)$ et d'un terme correctif de la divergence du faisceau $(D(x,f))$:

$$H(x,f) = D(x,f).e^{i.k(f).x} \tag{3.11}$$

Nous utilisons les coefficients de correction calculés par Thompson et Gray [Tho 83-1, Tho 83-2]. Ils sont définis pour une onde émise en champ lointain par des transducteurs de type piston et pour les cas de propagation dans un ou deux milieux différents. Ils sont validés par des mesures sur des milieux connus et maîtrisés.

Dans le cas de deux milieux de propagation d'épaisseurs d_1 et d_2 où l'interface entre les milieux est perpendiculaire à l'axe du faisceau et pour des transducteurs émetteur et récepteur de mêmes rayons, $D(d_1, d_2, f)$ s'exprime par:

$$D(d_1, d_2, f) = 1 - e^{-\dfrac{i.a^2}{\left(\dfrac{d_1}{k_1} + \dfrac{d_2}{k_2}\right)}} \cdot \left[J_0\left(\dfrac{a^2}{\left(\dfrac{d_1}{k_1} + \dfrac{d_2}{k_2}\right)}\right) + i.J_1\left(\dfrac{a^2}{\left(\dfrac{d_1}{k_1} + \dfrac{d_2}{k_2}\right)}\right) \right] \quad (3.12)$$

où J_0 et J_1 sont les fonctions de Bessel de 1ère espèce d'ordre 1 et 2, k_1 et k_2 les nombres d'onde dans les deux milieux traversés et a le rayon des transducteurs émetteur et récepteur.

Pour le cas d'un seul milieu de propagation, la correction de la divergence du faisceau $D(d_1, f)$ se calcule en posant $d_2 = 0$ dans l'équation 3.12.

3.2.3. Application du modèle au cas de l'eau

Maintenant que nous avons défini la forme générale de la fonction de transfert, nous appliquons le modèle au cas de la mesure des caractéristiques ultrasonores de l'eau. Le principe de comparaison est utilisé à partir de deux signaux (moyennés temporellement) obtenus dans l'eau pour deux distances de propagation différentes (figure 3.11). Ces distances respectent les conditions de champ lointain.

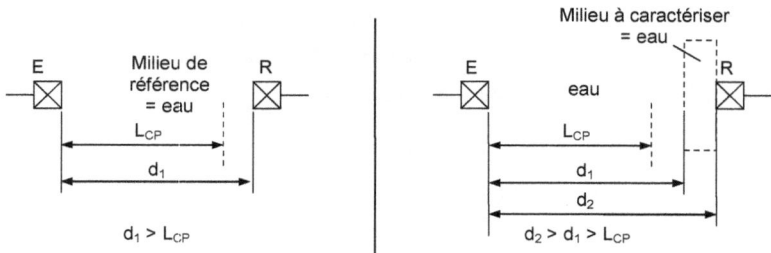

Figure 3.11: *Mesures dans l'eau*

L'équation 3.11 s'écrit pour la propagation de l'onde dans l'eau:

$$H_{eau}(x,f) = D_{eau}(x,f).e^{i.k_{eau}(f).x} \tag{3.13}$$

Par les équations 3.6 et 3.13 nous obtenons:

$$e^{i.\frac{2.\pi.f}{c_{eau}(f)}.(d_1-d_2)}.e^{\alpha_{eau}(f).(d_2-d_1)} = \frac{S_{d_1}(f)}{S_{d_2}(f)}.\frac{D_{eau}(d_2,f)}{D_{eau}(d_1,f)} \tag{3.14}$$

Nous posons:

$$\begin{cases} S_{d_1}(f) = S_1(f).e^{i.\phi_{S1}(f)} & (3.15) \\[2em] S_{d_2}(f) = S_2(f).e^{i.\phi_{S2}(f)} & (3.16) \\[2em] D_{eau}(d_1,f) = D_1(d_1,f)e^{i.\phi_{D1}(d_1,f)} & (3.17) \\[2em] D_{eau}(d_2,f) = D_2(d_2,f)e^{i.\phi_{D2}(d_2,f)} & (3.18) \end{cases}$$

où S_1, S_2, D_1 et D_2 sont les modules réels et ϕ_{S1}, ϕ_{S2}, ϕ_{D1} et ϕ_{D2} sont les phases des nombres complexes $S_{d1}(f)$, $S_{d2}(f)$, $D_{eau}(d_1,f)$ et $D_{eau}(d_2,f)$.

En identifiant le module et la phase de chacun des termes de l'équation 3.14, nous obtenons la vitesse et l'atténuation dans l'eau:

$$\begin{cases} c_{eau}(f) = \dfrac{2.\pi.f.(d_2-d_1)}{\phi_{S2}(f)-\phi_{S1}(f)+\phi_{D1}(d_1,f)-\phi_{D2}(d_2,f)} & (3.19) \\[2em] \alpha_{eau}(f) = \dfrac{1}{d_2-d_1}.\ln\left[\dfrac{S_1(f).D_2(d_2,f)}{S_2(f).D_1(d_1,f)}\right] & (3.20) \end{cases}$$

3.2.4. Application du modèle au cas d'un solide

Pour caractériser un échantillon solide, nous appliquons le principe précédent en prenant comme milieu de référence l'eau, dont nous connaissons à présent les caractéristiques ultrasonores, et pour milieu à caractériser, l'éprouvette solide (figure 3.12).

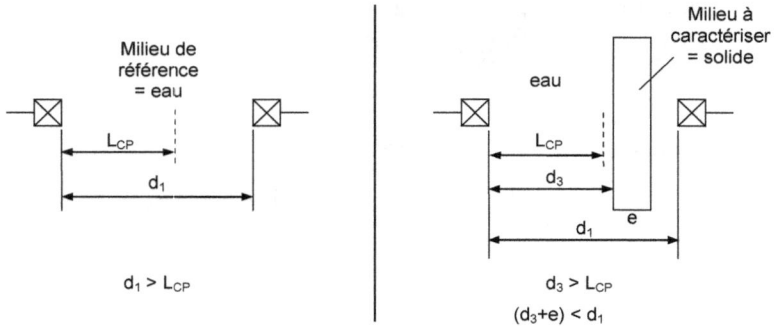

Figure 3.12: *Caractérisation d'une éprouvette solide*

Nous obtenons deux signaux correspondant à des moyennes spatiales sur 16 signaux (moyennés temporellement). Le premier signal moyen est le signal de référence obtenu dans l'eau sur une distance d_1 et le second correspond à la propagation de l'onde dans le milieu sur une distance e et dans l'eau sur une distance (d_1-e). L'éprouvette est placée dans le champ lointain du transducteur émetteur.

Ce dernier milieu est modélisé par la fonction caractéristique (H_{car}) pour laquelle nous retenons la forme suivante:

$$H_{car}(d_1,f) = D_{eau}(d_1 - e, f)e^{i.k_{eau}(f).(d_1 - e)}.D_{solide}(e, f)e^{i.k_{solide}(f).e}.T_{eau/solide}(f).T_{solide/eau}(f)$$
$$(3.21)$$

où $T_{eau/solide}$ et $T_{solide/eau}$ sont les coefficients réels de transmission en amplitude aux interfaces eau/solide et solide/eau pour une incidence normale, D_{eau} et D_{solide} correspondent aux coefficients de correction des effets de diffraction du piston émetteur dans les deux milieux traversés.

On rappelle que, pour une incidence normale, le coefficient de transmission en amplitude à une interface d'une onde plane se propageant dans un milieu ① vers un milieu② s'obtient par:

$$T_{12}(f) = \frac{2.\rho_1.c_1(f)}{\rho_1.c_1(f) + \rho_2.c_2(f)} \qquad (3.22)$$

où ρ_1 etρ_2 sont les masses volumiques et c_1 et c_2 les vitesses de phase des ondes dans les deux milieux.

Nous regroupons ces coefficients de correction des effets de diffraction en un seul coefficient que nous définissons par:

$$D_{eau-solide}(d_1 - e, e, f) = D_{eau}(d_1 - e, f)D_{solide}(e, f) \qquad (3.23)$$

Comme précédemment, nous posons:

$$\begin{cases} S_{d_{1m}}(f) = S_{1m}(f)e^{i.\phi_{S1m}(f)} & (3.24) \\[2mm] S_e(f) = S_3(f)e^{i.\phi_{S3}(f)} & (3.25) \\[2mm] D_{eau-solide}(d_1 - e, e, f) = D_3(d_1 - e, e, f)e^{i.\phi_{D3}(d_1 - e, f)} & (3.26) \end{cases}$$

où S_{1m}, S_3 et D_3 sont les modules réels et ϕ_{S3} et ϕ_{D3} sont les phases des nombres complexes S_{d1m}, S_e et $D_{eau\text{-}solide}$.

En identifiant, dans l'équation 3.21, le module et la phase, nous obtenons la vitesse et l'atténuation du solide par:

$$\begin{cases} c_{solide}(f) = \dfrac{2.\pi.f.e}{\phi_{S3}(f) - \phi_{S1m}(f) + \dfrac{2.\pi.f.e}{c_{eau}(f)} + \phi_{D1}(d_1, f) - \phi_{D3}(d_1 - e, e, f)} & (3.27) \\[6mm] \alpha_{solide}(f) = -\dfrac{1}{e}.\ln\left[\dfrac{D_1(d_1, f)}{T_{eau/solide}(f).T_{solide/eau}(f).D_3(d_1 - e, e, f)} \cdot \dfrac{S_3(f)}{S_{1m}(f)}\right] & (3.28) \end{cases}$$

3.2.5. Méthode d'analyse fréquentielle

Nous avons à faire des mesures de vitesse de phase et d'atténuation qui nécessitent l'obtention de la phase et de l'amplitude de l'onde ultrasonore pour une fréquence donnée. Nous travaillons en régime impulsionnel avec des transducteurs large bande. Le signal temporel est enregistré puis traité informatiquement (figure 3.13).

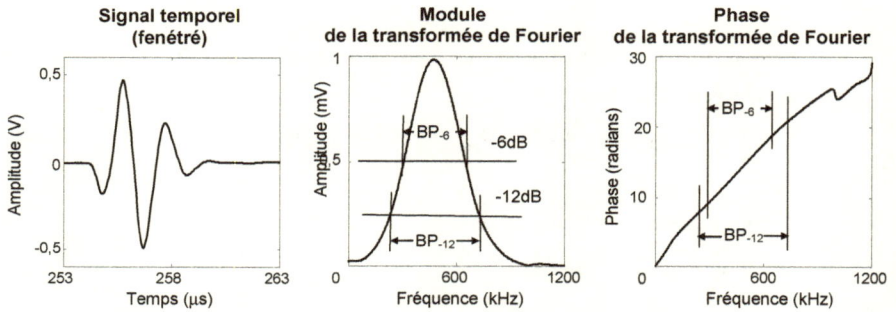

Figure 3.13: *Signal temporel et transformée de Fourier (transducteur à 500 kHz)*

Le traitement consiste en une sélection de l'onde directe transmise dans une fenêtre temporelle puis un ajout de zéro (environ 20000 points) permettant d'améliorer la résolution fréquentielle (1 kHz). Nous appliquons, ensuite, une transformée de Fourier pour obtenir le spectre complexe du signal. Dans les bandes passantes des transducteurs, le module et la phase du signal sont analysés et introduits dans les calculs de la vitesse de phase et de l'atténuation.

3.3. Validation de la chaîne de mesure

Nous faisons, tout d'abord, un bilan des différents facteurs d'influence dégradant la mesure. Après une vérification des caractéristiques des transducteurs, nous montrons comment les effets des différents facteurs peuvent être réduits ou quantifiés. Enfin, nous validons la chaîne de mesure par comparaison avec les résultats obtenus, dans la bibliographie, pour l'eau.

3.3.1. Facteurs d'influence

Par l'analyse de la chaîne expérimentale complète et la procédure de mesure, nous dressons une liste de paramètres dégradant la mesure (tableau 3.2). Pour chaque facteur, nous indiquons son origine et la solution adoptée afin de minimiser son influence. Le numéro attribué ne présage pas de l'importance du facteur.

Nous distinguons les paramètres maîtrisés pour lesquels une solution de réglage de la chaîne de mesure ou de correction permet la réduction des effets à leurs minima et ceux dont les effets sont figés mais peuvent être quantifiés expérimentalement.

No.	Facteur d'influence	Origine	Solution
1	Planéité des interfaces eau/pièce et pièce/eau	Eprouvette	Rectification et mesures dimensionnelles des faces de l'éprouvette
2	Parallélisme des interfaces (entre elles)		
3	Etat de surface des interfaces		
4	Désaxage entre faisceau émetteur et transducteur récepteur	Eléments mécaniques + Transducteurs	Réglage du montage pour obtenir un maximum d'énergie sur le récepteur
5	Perpendicularité du faisceau émis par rapport à l'interface eau/pièce		
6	Fenêtre temporelle de traitement	Traitement informatique	Maîtrise du choix de fenêtre
7	Résolution fréquentielle		Ajout de zéro et validation
8	Echo parasite superposé au signal traité	Géométrie	Formes et dimensions de l'éprouvette et du montage
9	Température	Environnement	Mesure de la température et variations quasi-nulles pendant les essais
10	Planéité et stabilité de l'onde	Eléments électriques + Transducteurs	Mesure en champ lointain
11	Divergence du faisceau		Coefficient de Correction
12	Résolution d'amplitude de l'oscilloscope		Choix de résolution
13	Résolution de temps de l'oscilloscope		Choix de résolution
14	Spectre fréquentiel		Vérification expérimentale
15	Fluctuations des signaux		Vérification expérimentale
16	Linéarité de la chaîne		Vérification expérimentale

Tableau 3.2: *Liste des facteurs d'influence*

Les premiers facteurs (1 à 13) sont présentés dans le paragraphe suivant avec le détail des solutions retenues. Les seconds facteurs (14 à 16) font l'objet de vérifications expérimentales (paragraphes 3.3.3. et 3.3.4.).

3.3.2. Minimisation des effets des facteurs 1 à 13

L'obtention de très bonnes qualités dimensionnelles (facteurs 1 à 3) pour les éprouvettes en béton est difficile à atteindre de part les contraintes de fabrication. Nous avons choisi de rectifier les faces des éprouvettes, ce qui assure de bonnes planéité et rugosité. Les mesures dimensionnelles que nous effectuons sur les éprouvettes portent sur l'épaisseur moyenne, la planéité et le parallélisme de chaque face. Ces données seront incluses dans le calcul des incertitudes de mesure.

Les réglages de la partie mécanique du montage (flèches noires sur figure 3.2) en fonction de la recherche du maximum d'énergie reçue sur le transducteur récepteur permettent de réduire les effets des facteurs 4 et 5.

Nous avons choisi des fenêtres temporelles (facteur 6) de tailles quasiment identiques par couple de transducteurs utilisés. Nous avons vérifié que le choix de la fenêtre temporelle et l'ajout de zéro (facteur 7) n'avaient pas d'influence notable sur les valeurs de phase et d'amplitude des spectres obtenus.

La géométrie des éprouvettes (type plaque) et celle de la partie mécanique (bords de la pièce et réflecteurs potentiels éloignés du faisceau) assurent que le premier écho reçu contient uniquement l'énergie correspondant au trajet direct de l'onde depuis l'émetteur vers le récepteur. Les effets du facteur 8 sont ainsi éliminés.

L'ensemble des éléments composant la chaîne de mesure est à température ambiante. La mesure de cette température et des variations quasiment nulles, lors des essais, permettent de minimiser l'influence du facteur 9.

Les mesures en champ lointain et la prise en compte de la divergence, qui sont détaillées dans le paragraphe précédent, constituent les solutions retenues pour réduire l'influence des facteurs 10 et 11.

Les facteurs 12 et 13 dépendent de l'oscilloscope. Les choix de résolutions optimales pour la base de temps et la base d'amplitude permettent de minimiser l'influence de ces facteurs.

3.3.3. Vérification des spectres fréquentiels

Les bandes passantes des transducteurs (facteur 14) correspondent aux domaines fréquentiels dans lesquels les transducteurs sont aptes à fonctionner correctement. Il s'agit donc des domaines sur lesquels nous sommes, *a priori*, capables de fournir une mesure juste et fidèle. Nous relevons, sur la figure 3.14, les valeurs des bandes passantes à -6 dB obtenues dans l'eau et nous les comparons à celles fournies par les constructeurs.

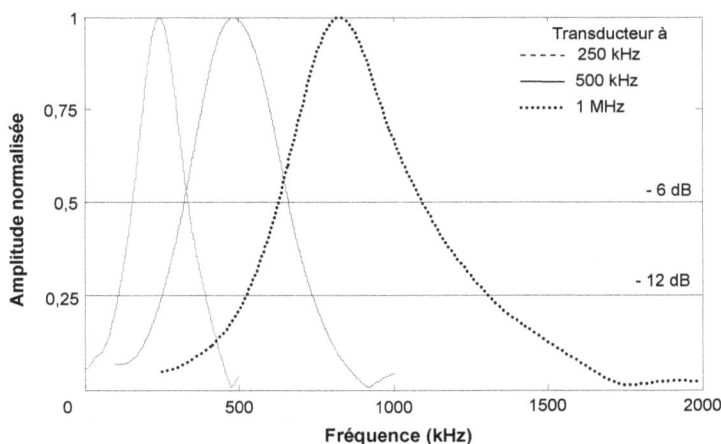

Figure 3.14: *Bandes passantes mesurées des différents couples de transducteurs*

Le tableau 3.3 regroupe l'ensemble des données relevées sur les spectres obtenus pour les couples de transducteurs utilisés.

Couple de transducteurs	Fréquence centrale (kHz)	Bande passante à - 6 dB (kHz)	Bande passante à -12 dB (kHz)
(2x) Panametrics V1012	244	157-335	111-391
Panametrics V101 et V301	485	324-660	251-738
Panametrics V302 et HBS HCC 1/25	827	629-1094	525-1306

Tableau 3.3: *Caractéristiques mesurées des couples transducteurs*

Les amplitudes maximales devraient être relevées proches des fréquences nominales annoncées. Nos mesures montrent pour tous les capteurs un décalage des amplitudes maximales vers les basses fréquences; il apparaît également que les bandes passantes sont légèrement réduites par rapport aux données des constructeurs. Par souci de clarté, nous continuons à désigner les différents transducteurs par les fréquences nominales des constructeurs (250 kHz, 500 kHz et 1 MHz).

3.3.4. Choix de la bande passante

Nous qualifions la chaîne de mesure par des essais de répétabilité et de linéarité. Les premiers essais permettent d'observer les dispersions obtenues sur les mesurandes sur tout le domaine fréquentiel et en particulier sur les bandes passantes à -6 et -12 dB des transducteurs. Les seconds essais proposent d'évaluer la linéarité de la chaîne de mesure sur quelques configurations d'essais; ces essais ne sont que partiels et ne peuvent être considérés comme une qualification complète de l'ensemble des éléments de la chaîne, cependant ils mettent en évidence le domaine fréquentiel où l'hypothèse de linéarité est respectée au mieux.

Analyse de la fluctuation des signaux (facteur 15)

La fluctuation du signal à l'émission dépend des éléments électriques et des transducteurs. Dans le cadre d'un fonctionnement normal, cette fluctuation est négligeable. Elle peut devenir importante lorsqu'un (ou des) élément(s) présente(nt) des signes d'usure. Nous vérifions simplement par comparaison de signaux, pris à des instants différents, le faible niveau des variations du module et de la phase.

Pour un même signal émis, les mêmes milieux de propagation au repos, et les mêmes conditions expérimentales, nous enregistrons les signaux temporels reçus par le récepteur à des instants différents et nous appliquons des transformées de Fourier pour lesquelles nous observons, dans les bandes passantes à -12 dB, le module et la phase.

Soit $S_i(f)$ le signal fréquentiel correspondant au signal temporel pris à l'instant t_i. Par comparaison des signaux $S_i(f)$ avec un signal de référence $S_0(f)$ choisi arbitrairement à t_0, nous déterminons les variations relatives de module et de phase par:

$$\Delta A(f) = \frac{\left|S_i(f)\right| - \left|S_0(f)\right|}{\left|S_i(f)\right|} \tag{3.29}$$

$$\Delta\phi(f) = \frac{\phi_i(f) - \phi_0(f)}{\phi_i(f)} \tag{3.30}$$

La figure 3.15 montre les valeurs des variations relatives de module et de phase en fonction de la fréquence pour 14 signaux pris à différents instants par rapport à un signal de référence. Les conditions expérimentales et le traitement informatique associé sont strictement les mêmes pour tous les signaux, le milieu exploré est de l'eau sur une distance de propagation de 320 mm.

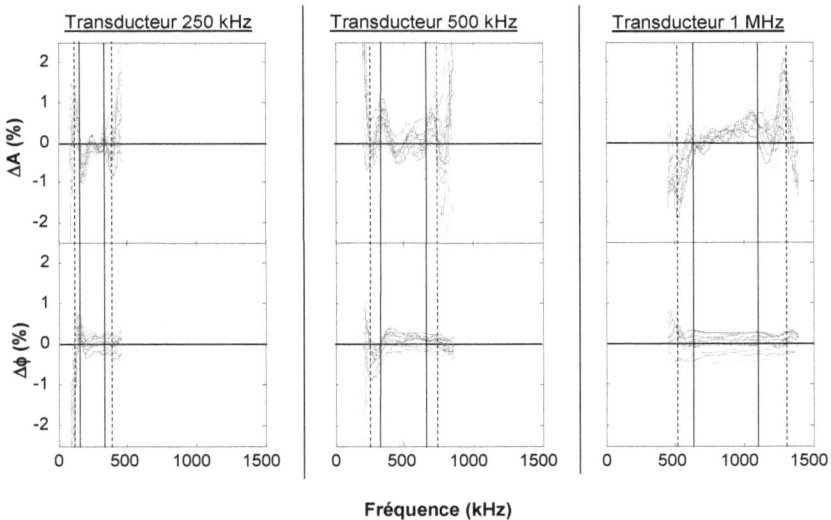

Figure 3.15: *Variations de module et de phase des signaux dues aux fluctuations*

Les parties les plus stables correspondent aux bandes passantes à -6 dB (droites verticales continues). Vers les bornes supérieures des bandes passantes à -12 dB (droites verticales pointillées), les fluctuations de phase restent du même ordre que dans la partie stable pour tous les transducteurs, par contre ces fluctuations de phase augmentent vers les bornes inférieures.

Vérification de la linéarité du système (facteur 16)

Afin de vérifier la linéarité de l'ensemble de la chaîne de mesure, nous analysons le signal émis par le générateur ainsi que celui reçu par le transducteur récepteur pour trois niveaux d'énergie différents et pour les trois couples de transducteurs utilisés. Nous appelons "rapport de linéarité" le rapport entre l'amplitude du spectre fréquentiel du signal reçu et celle du signal émis. Nous définissons un rapport de linéarité de référence pour une énergie émise correspondant à une tension de 100 Volts.

Nous proposons, sur la figure 3.16, les variations relatives (Δr_L) de ce rapport et les déphasages relatifs ($\Delta\phi$) obtenus pour les trois niveaux d'énergie par rapport au signal de référence.

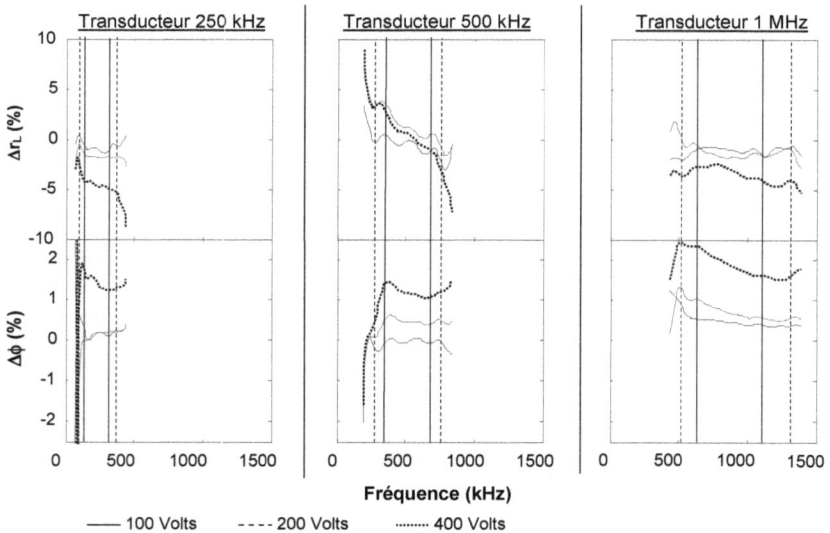

Figure 3.16: *Variations du rapport de linéarité et de la phase pour différents niveaux d'énergie*

Etude et validation d'une chaîne de mesure ultrasonore adaptée aux bétons

Nous relevons des défauts de linéarité de la chaîne complète (de l'ordre de quelques pourcents en amplitude) par les différences observées entre les courbes des variations relatives du rapport de linéarité (100, 200 et 400 Volts). Nous pouvons noter également des déphasages supérieurs à ceux mesurés pour un même niveau d'énergie (figure 3.15). Plus l'énergie augmente et plus les différences sont marquées. De même, plus l'on s'éloigne des bandes passantes à -6 dB, plus les différences augmentent. Seule la partie vers la borne supérieure de la bande passante à -12 dB du couple de transducteurs à 1 MHz présente peu d'évolutions du rapport de linéarité et de phase mesurés.

Les défauts de linéarité observés sont liés à un ou plusieurs élément(s) de la chaîne de mesure parmi l'émetteur, le récepteur, l'amplificateur de sortie et l'oscilloscope. L'émetteur est l'élément dans lequel les plus fortes énergies sont mises en jeu et il est probable que la non-linéarité observée soit liée à cet élément [Pet 99]. Vérifier de manière absolue cette linéarité ne pouvant se faire qu'à partir d'éléments étalonnés, nous contournons cette difficulté en validant notre chaîne sur les mesures des caractéristiques de l'eau.

Choix de la bande passante

Cette vérification de la chaîne de mesure a permis de définir les domaines de fonctionnement optimal de la chaîne de mesure. Nous avons observé que les bandes passantes à -6 dB mesurées présentent les domaines de mesure optima. L'extension de ces domaines dans les bandes passantes à -12 dB est envisageable pour le couple de transducteur à 1 MHz en ce qui concerne la borne supérieure. Les domaines fréquentiels de mesure de chaque couple de transducteurs retenus sont donnés dans le tableau 3.4.

Couple de transducteurs	Bande passante retenue (kHz)
(2x) Panametrics V1012	160-330
Panametrics V101 et V301	330-650
Panametrics V302 et HBS HCC 1/25	650-1300

Tableau 3.4: *Domaines fréquentiels d'utilisation des couples de transducteurs*

97

La plage fréquentielle balayée s'étend de 160 kHz à 1,3 MHz dans le cas de mesure dans l'eau. Nous verrons que cette zone se réduit, notamment la partie haute fréquence, lorsque l'auscultation porte sur des milieux très atténuants.

3.3.5. Validation par des mesures dans l'eau

Après avoir vérifié les éléments de la chaîne, nous validons celle-ci par des mesures de vitesse de phase et d'atténuation obtenues dans l'eau. Nous traitons dans un premier temps la mesure de vitesse de phase de l'eau, puis dans un second temps la mesure d'atténuation. Nous traçons nos mesures avec et sans application des coefficients de correction des effets de diffraction pour montrer leurs effets sur les mesures réalisées.

La figure 3.17 propose les courbes de vitesse de phase obtenues par notre chaîne de mesure (avec et sans correction) dans les bandes passantes retenues et la mesure de référence fournie par Del Grosso [Del 72]. La température pendant les essais est de 24,5°C, nous utilisons directement l'eau du réseau communal.

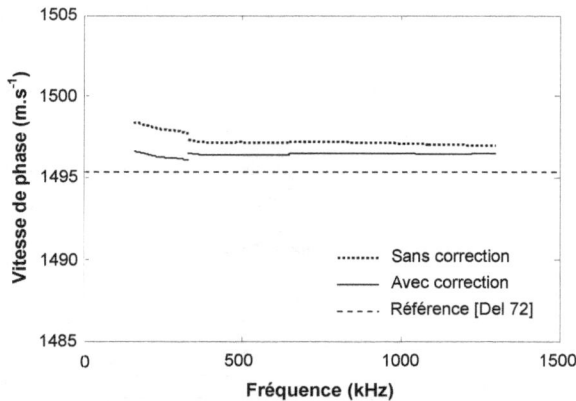

Figure 3.17: *Mesure de vitesse de phase de l'eau*

L'eau est peu dispersive et peu atténuante, ce qui conduit à une vitesse de phase quasiment constante avec la fréquence. L'accord obtenu entre nos mesures corrigées (courbe en traits continus) et celles de Del Grosso (droite en traits pointillés) est très bon sur l'ensemble de la bande passante retenue, compte tenu du fait que l'écart est inférieur à 0,1% de la grandeur mesurée. Ce léger écart peut avoir comme origine la présence éventuelle d'impuretés dans l'eau utilisée ou encore les fluctuations des signaux (paragraphe 3.3.4.) qui provoquent de petites variations des phases mesurées. On ne note pas de dispersion dans la mesure de vitesse, ce qui confirme la validité de nos mesures.

Dans l'eau, les corrections de la divergence réduisent les valeurs de vitesse. Comme prévu, ces corrections diffèrent selon la fréquence et selon les diamètres des transducteurs. Elles sont petites par rapport aux valeurs moyennes mesurées (inférieures à 1%).

Les mesures d'atténuation dans l'eau sont portées sur la figure 3.18.

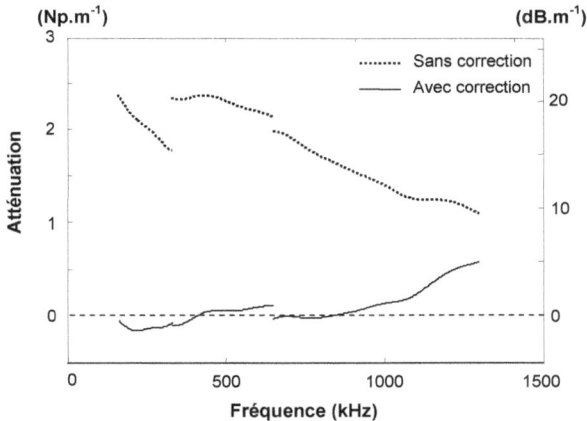

Figure 3.18: *Mesure d'atténuation de l'eau*

Avant correction des mesures, nous pouvons observer une atténuation non nulle. L'application des coefficients de correction de divergence élimine cette atténuation et les mesures corrigées font apparaître l'atténuation intrinsèque de l'eau que nous trouvons quasiment nulle sur tout le domaine fréquentiel retenu. Dans la bande de fréquence entre 1,1 et 1,3 MHz, nous observons une légère augmentation que nous attribuons aux fluctuations du signal (figure 3.15). Son niveau restant cependant faible, ce qui confirme les tendances trouvées par He [He 01].

3.4. Incertitudes de mesure

Nous proposons un calcul d'incertitude qui permet d'associer à la valeur mesurée un indicateur qui permet de qualifier le degré de qualité à attribuer à la mesure. L'analyse de la chaîne de mesure menée précédemment montre que les mesures effectuées dépendent d'un certain nombre de facteurs plus ou moins importants. L'incertitude sur le paramètre mesuré dépend alors des incertitudes associées aux facteurs influents sur la mesure. Afin de parvenir à un calcul rapide et fiable des incertitudes de mesure, nous nous référons à la norme française [Gum 99] et appliquons ses principes aux mesures de vitesse de phase et atténuation.

Par souci de simplification d'écriture, nous ne faisons plus apparaître, dans les équations suivantes, les dépendances sur la fréquence et les distances de propagation.

3.4.1. Définition, principe et équations de base

Soit y, la valeur mesurée, et U, l'incertitude associée au mesurande Y. Suivant cette définition, le résultat de la mesure, portant sur le mesurande Y, s'exprime par:

$$y \pm U \qquad (3.31)$$

Le domaine compris entre (y-U) et (y+U) est un intervalle dans lequel il est probable de trouver la valeur vraie, y_{vraie}, du mesurande Y. U, appelée incertitude élargie, s'exprime à partir de l'incertitude-type composée, u_c, associée à y et d'un facteur d'élargissement, k:

$$U = k.u_c(y) \qquad (3.32)$$

Le facteur d'élargissement dépend du niveau de confiance que l'on souhaite attribuer à la valeur d'incertitude élargie. Il est déterminé sur la base de la connaissance *a priori* de la loi de répartition des valeurs mesurées et sur le choix d'un niveau de confiance. Sa valeur est généralement comprise entre 2 et 3. Dans le cas le plus général, la loi de répartition des valeurs mesurées est normale et les valeurs 2 et 3 correspondent à des niveaux de confiance respectifs de 95,45% et 99,73%.

Afin d'évaluer l'incertitude-type composée u_c, il est nécessaire d'exprimer la relation mathématique, f, qui lie le mesurande Y aux grandeurs d'entrée X_i telle que $Y = f(X_1, X_2, \ldots, X_N)$. L'incertitude-type composée u_c s'exprime par la "loi de propagation de l'incertitude":

$$u_c^2(y) = \sum_{i=1}^{N}\left[\frac{\partial f}{\partial X_i}\right]^2 . u^2\left(x_i\right) + 2.\sum_{i=1}^{N-1}\sum_{j=i+1}^{N}\frac{\partial f}{\partial X_i}.\frac{\partial f}{\partial X_j}.u\left(x_i, x_j\right) \qquad (3.33)$$

où $u(x_i)$ est l'incertitude-type associée à x_i et $u(x_i,x_j)$ est la covariance associée au couple formé par x_i et x_j. Par définition, cette covariance s'annule lorsque les grandeurs X_i et X_j sont indépendantes.

L'incertitude-type $u(x_i)$ peut être déterminée par des mesures de répétabilité effectuées sur la grandeur X_i ou par la connaissance *a priori* des lois de variabilité possibles de X_i. Dans le premier cas, $u(xi)$ est égal à l'écart-type obtenu sur les mesures de répétabilité, dans le second cas, $u(x_i)$ dépend de la nature de la grandeur X_i.

Nous présentons dans la suite de ce paragraphe, l'application de ces principes aux mesurandes sur lesquels nous travaillons. Nous présentons les grandeurs d'entrée associées à chaque mesurande, les relations obtenues pour le calcul des incertitudes types et nous décrivons les méthodes utilisées pour déterminer chaque incertitude-type.

3.4.2. Hypothèses de départ

La liste des facteurs d'influence, réalisée au paragraphe 3.3.3., et les solutions proposées pour minimiser leurs effets, permettent de dégager les facteurs les plus influents et de les prendre en compte dans les calculs d'incertitude liés à nos mesures.

Parmi les facteurs énumérés, nous avons retenu les facteurs numérotés 1, 2 et 15 du tableau 3.2 comme les plus influents. L'influence des facteurs 1 et 2 sera intégrée dans les calculs d'incertitude liés aux mesures dimensionnelles des éprouvettes et celle du facteur 15 dans le calcul des incertitudes-types concernant les phases et amplitudes des signaux.

3.4.3. Incertitude sur la mesure de vitesse de phase dans l'eau

Notre chaîne expérimentale doit nous permettre d'évaluer la vitesse de phase et l'atténuation des ondes ultrasonores dans des échantillons solides. La détermination de ces grandeurs passe par la mesure de la vitesse de phase de l'eau. Nous traitons donc dans cette partie le calcul d'incertitude lié à cette mesure.

Nous appliquons la loi de propagation des incertitudes (équation 3.33) à l'équation de vitesse de phase des ondes dans l'eau (équation 3.19) où les grandeurs d'entrée sont (d_2-d_1), ϕ_{S1} et ϕ_{S2}. Ces grandeurs font l'objet de mesures indépendantes les unes des autres. Il en résulte une incertitude-type composée qui s'exprime par:

$$u_c^2\left(c_{eau}\right) = \frac{\left(2.\pi.f\right)^2}{\left(\phi_{S2} - \phi_{S1} + \phi_{D1} - \phi_{D2}\right)^2} \cdot \left\{ u^2\left(d_2 - d_1\right) \right. $$
$$\left. + \frac{\left(d_2 - d_1\right)^2}{\left(\phi_{S2} - \phi_{S1} + \phi_{D1} - \phi_{D2}\right)^2} \cdot \left[u^2\left(\phi_{S1}\right) + u^2\left(\phi_{S2}\right)\right] \right\} \quad (3.34)$$

Les incertitudes-types des phases des signaux sont obtenues par des essais de répétabilité, le calcul de celle sur la distance (d_2-d_1) est détaillé en annexe 3.

A titre d'exemple, nous traçons sur la figure 3.19, les plages d'incertitudes obtenues à partir de 3.32 et 3.34 pour la mesure de vitesse de phase de l'eau, déjà présentée sur la figure 3.17.

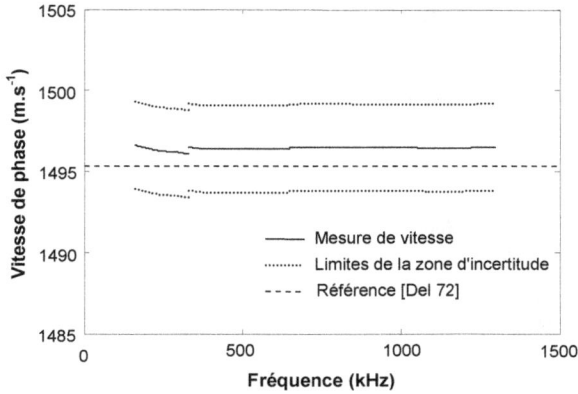

Figure 3.19: *Mesure de vitesse de phase de l'eau et incertitude élargie associée*

L'incertitude sur la vitesse est de l'ordre de ± 3 à 4 m.s^{-1} sur l'ensemble du domaine de mesure. La variation d'étendue de la plage d'incertitude dans ce domaine, si elle existe, n'est pas conséquente. Cette valeur ainsi que la proximité de la courbe de référence (inclue dans la zone d'incertitude) confirme la qualité de notre chaîne de mesure.

3.4.4. Incertitudes sur les mesures de vitesse de phase et d'atténuation dans un solide

Nous traitons, dans un premier temps, le calcul d'incertitude associé à la mesure de vitesse de phase, puis dans un second temps, celui de l'atténuation du solide. Comme précédemment, nous appliquons la loi de propagation de l'incertitude aux équations 3.27 et 3.28 qui permettent l'évaluation des caractéristiques ultrasonores du milieu solide.

Concernant la mesure de vitesse de phase, nous avons quatre grandeurs d'entrée qui sont l'épaisseur de la pièce (e), les phases des signaux obtenus (ϕ_{S1} et ϕ_{S3}) et la vitesse de phase dans l'eau (c_{eau}). Ces grandeurs sont indépendantes les unes des autres. L'incertitude-type composée s'écrit:

$$u_c^2\left(c_{solide}\right) = \frac{\left(2.\pi.f\right)^2}{\left(\phi_{S3} - \phi_{S1m} + \dfrac{2.\pi.f.e}{c_{eau}} + \phi_{D1} - \phi_{D3}\right)^4} \cdot$$

$$\left\{ \left(\phi_{S3} - \phi_{S1m} + \phi_{D1} - \phi_{D3}\right)^2.u^2(e) + e^2.\left[u^2\left(\phi_{S1m}\right) + u^2\left(\phi_{S3}\right)\right] + \frac{\left(2.\pi.f\right)^2.e^4}{c_{eau}^4}.u^2\left(c_{eau}\right) \right\}$$

(3.35)

Les incertitudes-types des phases des signaux sont obtenues par des essais de répétabilité, celle de l'eau est obtenue à partir de l'équation 3.34 et le calcul de celle sur l'épaisseur est détaillé en annexe 3.

Concernant la mesure d'atténuation, les grandeurs d'entrée sont l'épaisseur de la pièce (e), les amplitudes des signaux obtenus (S_{1m} et S_3) et les coefficients de transmission en amplitude ($T_{eau/solide}$ et $T_{solide/eau}$). Les grandeurs e, S_{1m} et S_3 sont mesurées indépendamment les unes des autres. Par contre les coefficients de transmission en amplitude dépendent de la mesure de vitesse dans le solide qui met en jeu l'épaisseur de la pièce et qui est évaluée à partir de la phase du signal dont S_3 est extrait. Ces coefficients sont donc liés à l'épaisseur de la pièce et à l'amplitude du signal moyen obtenu pour le solide. Par conséquent, il existe également une corrélation entre ces coefficients.

L'incertitude-type composée s'écrit pour l'atténuation:

$$u_c^2\left(\alpha_{solide}\right) = \frac{1}{e^2} \cdot \left\{ \frac{1}{e^2} \cdot \ln\left(\frac{D_1}{T_{eau/solide} \cdot T_{solide/eau} \cdot D_3} \cdot \frac{S_3}{S_{1m}} \right)^2 \cdot u^2(e) + \frac{1}{S_{1m}^2} \cdot u^2\left(S_{1m}\right) \right.$$

$$+ \frac{1}{S_3^2} \cdot u^2\left(S_3\right) + \frac{1}{T_{eau/solide}^2} \cdot u^2\left(T_{eau/solide}\right) + \frac{1}{T_{solide/eau}^2} \cdot u^2\left(T_{solide/eau}\right)$$

$$+ \frac{2}{e} \cdot \ln\left(\frac{D_1}{T_{eau/solide} \cdot T_{solide/eau} \cdot D_3} \cdot \frac{S_3}{S_{1m}} \right)\left[\frac{1}{T_{eau/solide}} \cdot u\left(T_{eau/solide}, e\right) + \frac{1}{T_{solide/eau}} \cdot u\left(T_{eau/solide}, e\right) \right]$$

$$- \frac{2}{S_3} \cdot \left[\frac{1}{T_{eau/solide}} \cdot u\left(T_{eau/solide}, S_3\right) + \frac{1}{T_{solide/eau}} \cdot u\left(T_{solide/eau}, S_3\right) \right]$$

$$\left. + \frac{2}{T_{eau/solide} \cdot T_{solide/eau}} \cdot u\left(T_{eau/solide}, T_{solide/eau}\right) \right\}$$

$$(3.36)$$

Les incertitudes-types des amplitudes des signaux sont obtenues par des essais de répétabilité. Les calculs de celles sur l'épaisseur et sur les coefficients de transmission en amplitude sont définis en annexe 3. Les covariances sont évaluées sur des échantillons de couples de données corrélées.

A titre d'exemple, nous extrayons des résultats de mesure du chapitre suivant: ceux concernant une éprouvette contenant uniquement de la pâte de ciment durcie. Les résultats sont fournis sur la figure 3.20, et permettent d'illustrer les incertitudes obtenues sur les mesures de vitesse de phase et atténuation d'un échantillon solide à partir de la chaîne présentée.

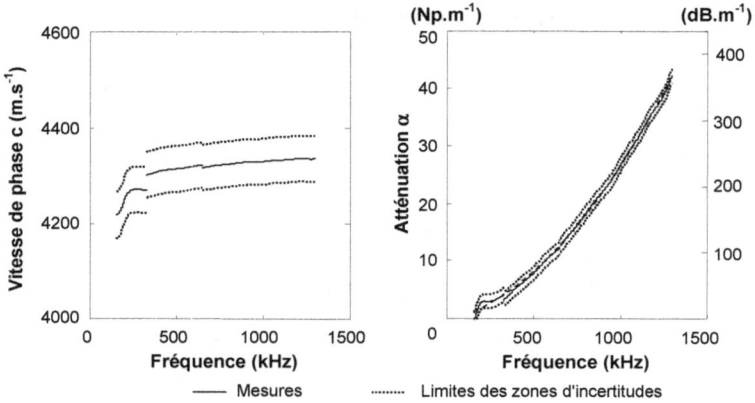

Figure 3.20: *Mesure de vitesse de phase et atténuation dans le ciment et incertitudes élargies*

L'incertitude sur la vitesse est de l'ordre de ± 45 m.s^{-1} sur l'ensemble du domaine de mesure. La variation d'étendue de la plage d'incertitude dans ce domaine, si elle existe, n'est pas significative. L'incertitude sur la mesure d'atténuation est de l'ordre de ± 1,2 Np.m^{-1} (soit ± 10,5 dB.m^{-1}). Comme pour la mesure de vitesse, cette zone évolue peu sur le domaine fréquentiel retenu.

Cet exemple de résultat sur le calcul d'incertitude est représentatif de l'ensemble des résultats obtenus sur les éprouvettes dont la forme est le disque (figure 3.3). Quelque soit la formulation testée, les incertitudes calculées sont du même ordre de grandeur que celles présentées pour la pâte de ciment. Nous retenons donc pour l'ensemble des mesures réalisées, dans le chapitre suivant, sur les éprouvettes de type disque, les incertitudes maximales arrondies à l'unité supérieure.

Pour les mesures dans les bétons, nous obtenons une incertitude sur la vitesse de ± 50 m.s^{-1}, et une incertitude sur l'atténuation de ± 2 Np.m^{-1} (soit ± 17,5 dB.m^{-1}). Ces incertitudes de mesures sont relativement bonnes compte tenu du caractère hétérogène du milieu et du nombre de moyennage (16).

3.5. Conclusion

Nous avons présenté, analysé et validé la chaîne de mesure à partir de laquelle nous allons recueillir les données ultrasonores expérimentales dans des milieux hétérogènes solides.

La mesure se fait en immersion par transmission d'ondes par une méthode par comparaison qui permet de s'affranchir de la connaissance précise de chacun des éléments de la chaîne.

L'étude des facteurs d'influence et des mesures des caractéristiques de l'eau ont conduit à la validation de la chaîne complète. Pour parfaire, cette étude il aurait été intéressant de pouvoir travailler sur des pièces solides étalonnées en vitesse de phase et atténuation des ondes ultrasonores. Cependant, celles-ci n'existent pas au niveau national et il serait intéressant qu'un thème de recherche à venir s'intéresse à ce problème.

Le calcul d'incertitudes de mesure que nous proposons repose sur les recommandations de la norme française et permet de qualifier la qualité des mesures réalisées.

Chapitre 4

Validations expérimentales et application à des bétons thermiquement endommagés

Les deuxième et troisième chapitres ont permis de définir les modèles de propagation potentiellement capables de répondre au besoin de caractérisation non destructive des bétons. Une chaîne de mesure adaptée à la détermination de la vitesse de phase et de l'atténuation des ondes ultrasonores longitudinales dans des solides hétérogènes a été étudiée et validée. Le béton thermiquement endommagé étant un milieu très complexe, nous proposons, dans un premier temps, de séparer l'étude de l'influence de la composition et l'endommagement du béton dans la validation proposée. Dans un second temps, la combinaison des deux types d'hétérogénéité conduit à l'objectif final de la caractérisation de l'endommagement du béton.

Nous proposons, tout d'abord, une approche incrémentale du niveau de difficulté dans la définition des éprouvettes. L'étude de l'influence de la granularité est menée et les solutions d'intégration des diffuseurs dans le modèle de Waterman-Truell sont étudiées. Nous traitons ensuite l'influence de l'endommagement sur les paramètres ultrasonores. Nous séparons les études théoriques et expérimentales puis nous proposons des comparaisons qui conduisent à la validation du modèle sur des milieux simulant un endommagement. Le cas de la caractérisation de l'endommagement thermique à partir de mesures industrielles par chronométrie est envisagé et le lien existant avec la vitesse de phase est observé expérimentalement. Enfin nous présentons une première étude de faisabilité encourageante sur l'inversion du problème conduisant à l'identification de la taille et de la densité des diffuseurs sphériques à partir de la vitesse de phase mesurée.

4.1. Définition des éprouvettes

Les éprouvettes sont définies de manière à pouvoir séparer l'étude des effets de la granularité et celle de l'influence de l'endommagement sur les caractéristiques ultrasonores. L'étude de l'endommagement est envisagée par deux approches différentes qui établissent un lien entre la validation du modèle théorique et la caractérisation ultrasonore de l'endommagement thermique. Dans un premier temps, l'endommagement est simulé par des billes de polystyrène expansé puis, dans un second temps, il est généré par une sollicitation thermique.

Nous définissons, tout d'abord, la liste des éprouvettes avec le détail des formulations puis les constituants intervenant avec leurs caractéristiques géométriques et ultrasonores.

4.1.1. Liste des éprouvettes

Les différentes éprouvettes peuvent être organisées en quatre séries. La première correspond à l'étude de l'effet de la granularité sur les propagations d'ondes ultrasonores dans le béton. Les deuxième et troisième séries permettent l'étude d'endommagements respectivement simulés par des billes de polystyrène expansé et thermique réel. La dernière série correspond au cas de bétons à hautes performances thermiquement endommagés.

Nous proposons, dans le tableau 4.1, la liste des éprouvettes utilisées puis nous commentons l'organisation de celles-ci en fonction des études menées.

Nous disposons d'éprouvettes en forme de disque (∅250x45 mm, figure 3.3) adaptées à la validation du modèle et d'éprouvettes cylindriques (∅110x70 mm, figure 3.4) qui sont représentatives de celles utilisées pour les essais du génie civil. Les indices C ou D devant le numéro de chaque éprouvette indique la forme de l'éprouvette. Les proportions de chaque constituant sont données en pourcentage volumique et les tailles en millimètres.

No.	Pâte de ciment (%)	Sable 0,8/1 (%)	0/4	Gravillons 5/6,3	4/8	3/16	Polystyrène expansé Ø2,84 (%)	Traitement therm. Tps (jours)	Temp. (°C)	Masse volumique (kg.m^{-3})
D1	100	-	-	-	-	-	-	-	-	2145
D2	90	-	-	10	-	-	-	-	-	2200
D3	70	-	-	30	-	-	-	-	-	2244
D4	50	-	-	50	-	-	-	-	-	2348
D5	70	-	-	-	30	-	-	-	-	2282
D6	70	15	-	-	15	-	-	-	-	2255
D7	40	30	-	-	30	-	-	-	-	2335
D8	90	-	-	-	-	-	10	-	-	2015
D9	70	-	-	-	-	-	30	-	-	1658
D10	60	-	-	30	-	-	10	-	-	2149
D11	30	30	-	-	30	-	10	-	-	2183
D12	100	-	-	-	-	-	-	2	180	1864
D13	70	15	-	-	15	-	-	2	180	2024
D14	40	30	-	-	30	-	-	2	180	2180
C15	24	-	30	-	-	46	-	-	-	2484
C16								2	80	2451
C17								3	120	2428
C18								4	160	2415
C19								5	200	2417

Tableau 4.1: *Formulation et traitement des différentes éprouvettes*

Granularité des bétons

L'étude de l'influence du taux volumique d'inclusions pour une même répartition de taille est réalisée par les éprouvettes D2, D3 et D4 et celle de l'influence des tailles de diffuseurs pour un même taux volumique par les éprouvettes D3, D5 et D6. L'éprouvette D7 a une composition proche de celle d'un béton.

Endommagement simulé par des billes de polystyrène

Nous avons introduit des billes de polystyrène expansé dans des formulations à base de ciment et granulats afin de pouvoir disposer de milieux dont les diffuseurs d'air ont des caractéristiques maîtrisées et sont représentatifs de l'influence moyenne des microfissures qui apparaissent lors de l'endommagement thermique de bétons.

L'évolution du taux volumique de diffuseurs d'air est proposée par les éprouvettes D1, D8 et D9 et l'introduction d'un endommagement par augmentation du volume d'air dans le milieu sera observée pour des milieux de différentes granularités (D1 et D8, D3 et D10 puis D7 et D11).

Endommagement thermique sur pâtes de ciment

Pour certaines formulations de granularité plus simples que celle d'un béton, nous avons réalisé deux éprouvettes dont une a été traitée thermiquement. Ce traitement thermique a consisté en une montée en température régulée dans le temps jusqu'à la température maximale (tableau 4.1) suivie d'un refroidissement lent. Les éprouvettes sont auscultées après le traitement thermique, lorsqu'elles sont revenues à température ambiante.

Ces éprouvettes, couplées à celles de compositions identiques n'ayant pas subi de contrainte thermique, servent à l'observation des effets d'endommagements thermiques sur des matériaux à base de ciment (D1 et D12, D6 et D13, D7 et D14).

Endommagement thermique sur un béton à hautes performances

Une série d'éprouvettes (C15 à C19) de béton à hautes performances présente un degré croissant de niveau d'endommagement thermique. Le traitement est du même type que précédemment pour différents niveaux de température. Ces éprouvettes nous permettront d'étudier les possibilités de caractérisation ultrasonore de l'endommagement thermique d'un béton à hautes performances et de prendre en compte les problèmes liés à la mesure industrielle grâce à leur géométrie.

4.1.2. Constituants

4.1.2.1. Matrice de ciment

Le ciment utilisé est identique (CPA-CEM I-52,5) pour l'ensemble des éprouvettes fabriquées. C'est un ciment de très bonne qualité dont la résistance à la compression à 28 jours est supérieure à 50 MPa. Le rapport eau/ciment est de l'ordre de 0,3 ce qui limite le taux de porosité initial de la matrice cimentaire.

Les formules comportent des fumées de silice (utilisées dans les BHP) qui permettent l'obtention de caractéristiques mécaniques élevées. Des adjuvants en faibles quantités assurent l'ouvrabilité et une répartition spatiale homogène des inclusions introduites.

Nous appelons donc "pâte de ciment", le mélange durci contenant le ciment de base, l'eau, les fumées de silice et les adjuvants. Une éprouvette de pâte de ciment (D1, tableau 4.1) a été réalisée afin de pouvoir évaluer ses caractéristiques ultrasonores.

Sur la figure 4.1, nous avons porté les résultats de mesures de vitesse de phase et atténuation de l'onde longitudinale dans la pâte de ciment ainsi que des approximations polynomiales associées.

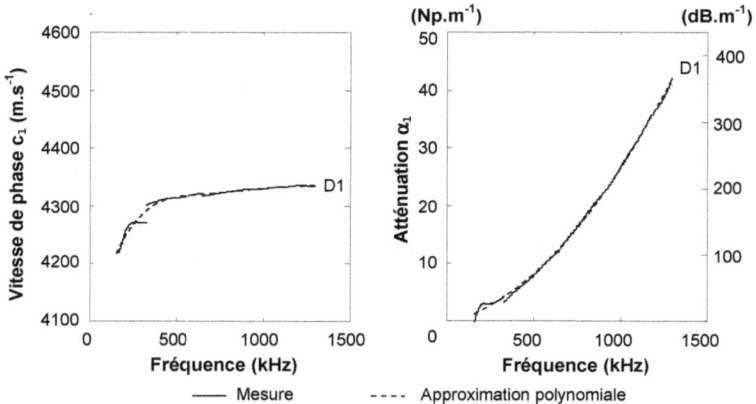

Figure 4.1: *Vitesse de phase et atténuation de l'onde longitudinale dans la pâte de ciment*

La vitesse suit un comportement croissant avec la fréquence (de 4220 à 4335 m.s^{-1}). La croissance est plus importante pour les basses fréquences (de 160 à 400 kHz) que pour le reste du domaine exploré (400 à 1300 kHz).

L'atténuation des ondes longitudinales dans la matrice est croissante avec la fréquence et avec des valeurs allant de 0 pour 160 kHz jusqu'à 42 Np.m^{-1} pour 1,3 MHz.

Ces comportements dispersifs et atténuants des ondes dans la matrice trouvent certainement leurs origines dans les porosités présentes dans la pâte de ciment durcie ou dans les phénomènes visco-élastiques qui conduisent à l'absorption de l'onde dans le béton évoqués par certains auteurs [Gay 92, Gar 00].

Les courbes d'approximation proposées serviront de données d'entrée pour les simulations.

Disposant également de transducteurs ultrasonores en ondes transversales (non présentés dans le chapitre 3) de fréquence nominale de 500 kHz, nous avons réalisé une mesure de la vitesse des ondes transversales. Le même principe par comparaison a été retenu et appliqué à des mesures au contact. Les deux échos comparés correspondent respectivement au trajet direct de l'onde et à celui ayant réalisé un aller-retour supplémentaire (figure 4.2). Travaillant cette fois-ci dans le champ proche des transducteurs, nous n'avons pas appliqué la correction de divergence du faisceau.

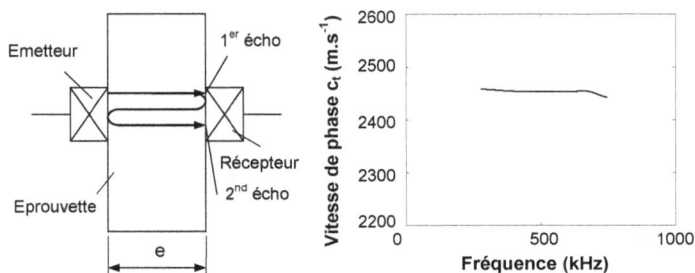

Figure 4.2: *Mesure de vitesse de phase des ondes transversales dans la pâte de ciment*

Par défaut de pièce de référence étalonnée, nous adoptons les bandes passantes du fabricant (BP à -6 dB comprise entre 280 et 746 kHz). Nous pouvons noter que la vitesse de phase des ondes transversales présente un caractère très peu dispersif sur le domaine observé:

les variations de vitesse sont de 10 m.s^{-1} seulement et celles-ci sont relevées à proximité des limites de la bande passante à -6 dB. Un palier à 2453 m.s^{-1} est observé entre 400 et 600 kHz. C'est cette valeur que nous retenons comme valeur de vitesse de phase des ondes transversales dans la matrice de ciment.

Les caractéristiques de l'onde longitudinale (figure 4.1), la vitesse de phase des ondes transversales (2453 m.s^{-1}) et la masse volumique (tableau 4.1) sont des données d'entrée du modèle de propagation.

4.1.2.2. Inclusions de roche et d'air

Inclusions de roche

Les gravillons sont des roches silico-calcaires dont les caractéristiques mécaniques sont proches de celles présentées dans le chapitre 1. En accord avec ces caractéristiques et celles de la littérature [Pou 94], nous proposons, dans le tableau 4.2., les valeurs retenues pour les vitesses ultrasonores dans la roche.

Matériau	Masse volumique (kg.m^{-3})	Vitesse OL (m.s^{-1})	Vitesse OT (m.s^{-1})
Roche	2650	5700	3200
Polystyrène Expansé	17	330	-

Tableau 4.2: *Caractéristiques ultrasonores des matériaux des inclusions*

Imposer des formes maîtrisées pour les inclusions rocheuses est très difficile à réaliser. Nous avions le choix entre remplacer les inclusions de roches par des inclusions de caractéristiques proches de celles de la roche (le verre par exemple) ou utiliser directement les gravillons destinés aux échantillons de bétons. Nous avons retenu la seconde solution pour son côté plus représentatif du milieu d'application. En contrepartie, les comparaisons théorie-expérience peuvent être plus difficiles à mener en raison des différences notables entre les modèles géométriques de diffuseurs possibles (sphère, sphéroïde) et la géométrie réelle des gravillons.

Les diffuseurs de type roche sont sélectionnés par tamisage et sont référencés par les petite (d) et grande (D) tailles des tamis utilisés (ex: gravillons 5/6,3 mm). Ces données dimensionnelles correspondent à la plage approximative de valeurs dans laquelle se trouvent les tailles des inclusions. Selon le fabricant, on peut estimer que 90% des granulats sélectionnés ont des tailles comprises dans cette plage de valeurs. Ne disposant pas de données statistiques sur les tailles des granulats, nous considérons (figure 4.3) que celles-ci suivent une loi normale. Elle est centrée sur la moyenne m des tailles des tamis égale à $((d+D)/2)$ et l'écart-type σ vaut $((D-d)/(2\times1,65))$, ce qui permet d'assurer que 90% des tailles de granulats soient comprises entre d et D.

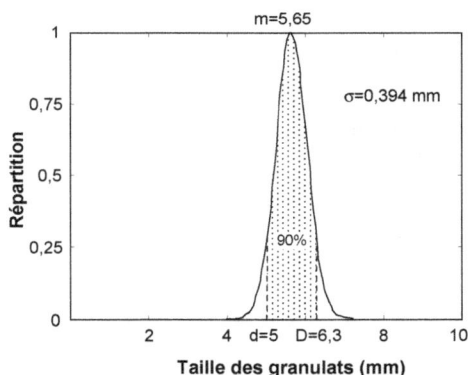

Figure 4.3: *Répartition de taille des granulats (exemple des gravillons 5/6,3)*

Inclusions d'air

Nous considérons deux types d'inclusions d'air: les microfissures réelles observées dans le béton soumis à des contraintes thermiques et les billes de polystyrène expansé que nous avons introduites dans les formulations.

Ces billes (tableau 4.2) ont été choisies pour simuler un endommagement par augmentation du volume d'air. Le choix de la forme sphérique des inclusions, par rapport à la géométrie réelle des microfissures, se justifie par la facilité de mise en œuvre et la maîtrise des paramètres. De plus, nous faisons l'hypothèse que le caractère aléatoire de l'orientation des microfissures dans le cas de l'endommagement thermique peut conduire à des fonctions de diffusion moyenne similaires à celles d'un obstacle sphérique.

Concernant les microfissures, les seules informations que nous possédons sont celles du premier chapitre. Elles concernent l'augmentation de la densité linéique avec la contrainte thermique dans un béton à haute performance et les tailles qui augmentent également mais dont la quantification est difficilement réalisable. Cette information, ainsi que les formes exactes, étant très difficiles à obtenir, nous n'avons pas pu développer un lien physique entre les tailles de microfissures et le diamètre des billes de polystyrène.

Le polystyrène expansé contient, selon le fournisseur, plus de 98% d'air. Ses caractéristiques ultrasonores sont prises égales à celle de l'air (tableau 4.2). La forme des inclusions est sphérique et nous avons mené une série de mesure des diamètres au pied à coulisse sur un échantillon de 700 éléments. La répartition de taille obtenue est fournie sur la figure 4.4.

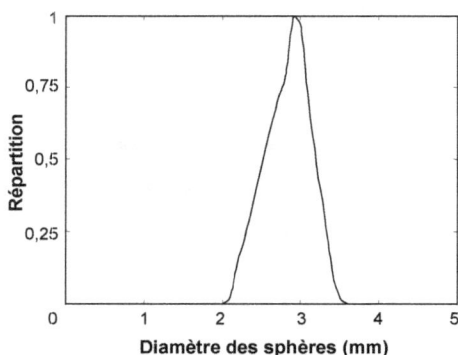

Figure 4.4: *Répartition du diamètre des sphères de polystyrène expansé*

Les diamètres des sphères s'étalent de 2,1 mm à 3,5 mm. La répartition est proche d'une courbe gaussienne présentant une dissymétrie négative (courbe décalée vers les grands diamètres). Nous ne chercherons pas à approximer cette courbe mais travaillerons directement sur la valeur moyenne (2,84 mm) ou sur la distribution brute mesurée.

4.2. Etude de la granularité

Nous présentons, tout d'abord, les résultats fournis par le modèle de Waterman-Truell (équation 2.77) pour différentes modélisations du milieu. Les résultats expérimentaux sur les éprouvettes D2 à D7 sont ensuite présentés et commentés. Nous finissons par la comparaison entre les différents résultats pour un milieu de formulation donnée et les perspectives d'étude.

4.2.1. Modélisation d'un milieu granulaire

La prise en compte du milieu hétérogène dans le modèle de Waterman-Truell se fait par l'introduction des caractéristiques ultrasonores de chacun des milieux en présence et de la forme, la taille et le taux volumique des diffuseurs. La figure 4.5 présente le principe général des simulations.

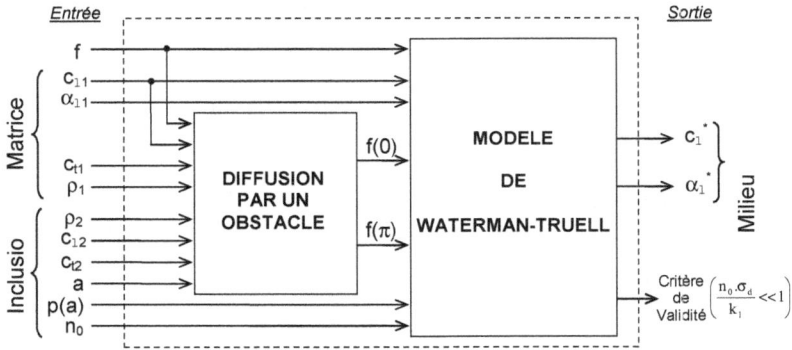

Figure 4.5: *Principe de simulation*

La matrice introduite dans les simulations est du ciment dont les caractéristiques sont égales à celles du tableau 4.1, aux approximations proposées sur la figure 4.1 et à la valeur mesurée de la vitesse des ondes transversales qui est de 2453 m.s^{-1}.

Le modèle géométrique retenu pour les inclusions rocheuses est la sphère. Ce modèle a l'avantage de proposer une grande souplesse de calcul. De plus, il suit aussi l'hypothèse que la sphère peut avoir une diffusion moyenne équivalente à celle des granulats aléatoirement orientés dans le milieu.

Les diamètres des sphères sont choisis par rapport aux tailles des granulats introduits dans les bétons. Nous considérons les cas de sphères, de même diamètre, égal à la moyenne des tailles des granulats, et celui de sphères dont les tailles sont réparties.

Nous traçons la vitesse et l'atténuation, sur la figure 4.6, pour le cas d'un milieu composé à 70% de ciment et 30% d'inclusions sphériques de roche de diamètre égal à 5,65 mm. Afin d'observer l'effet de la prise en compte de l'atténuation de la matrice dans les simulations, nous proposons d'abord une matrice dont la vitesse de phase est égale à l'approximation proposée sur la figure 4.1, et dont l'atténuation est nulle. Une seconde intègre les valeurs de vitesse et atténuation des approximations proposées sur la figure 4.1.

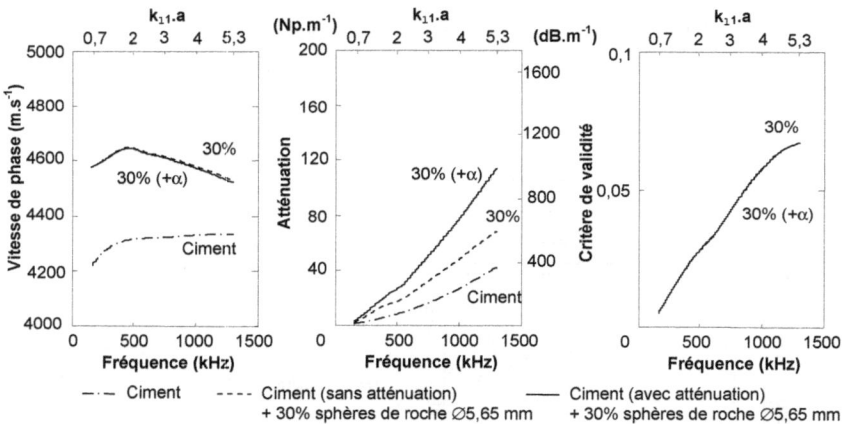

Figure 4.6: *Exemple de simulations avec et sans prise en compte de l'atténuation de la matrice*

Nous pouvons noter que l'introduction de diffuseurs de type roche a pour effet d'augmenter la vitesse de phase et que des comportements différenciés apparaissent en fonction de la fréquence. Dans les deux cas (matrice atténuante ou pas), les valeurs de vitesse obtenues sont très peu différentes (écart inférieur à 8 m.s^{-1}) contrairement aux valeurs d'atténuation où son niveau dans le cas de la matrice atténuante correspond quasiment à l'addition de l'atténuation du ciment et de celle liée à la diffusion.

118

La valeur du critère de validité atteint un maximum de 0,067 et reste petit devant 1. Ce bon résultat est obtenu pour l'ensemble des simulations portant sur la granularité. Par souci de clarté, nous ne le représenterons plus par la suite.

4.2.1.1. Influence du taux volumique et de la taille des inclusions de roche

Influence du taux volumique de sphères de roche

Nous traçons, sur la figure 4.7, les évolutions de la vitesse et de l'atténuation en fonction de la fréquence pour trois taux volumiques différents de sphères de roche.

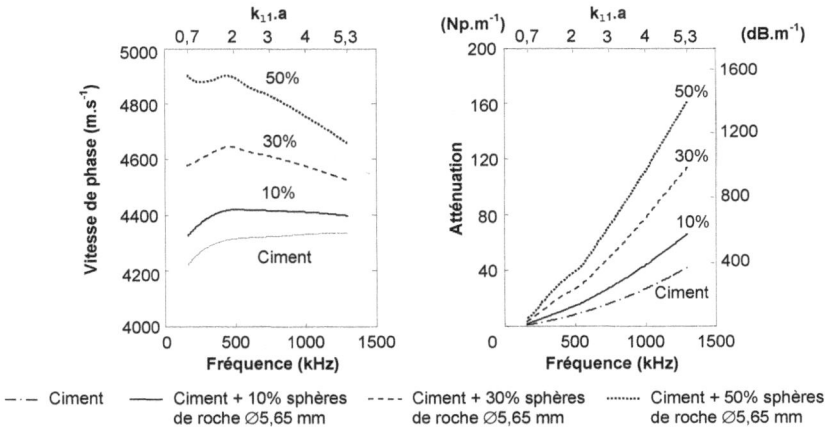

Figure 4.7: *Influence du taux volumique de sphère de roche sur la vitesse et l'atténuation simulées*

Nous obtenons une forte augmentation de la vitesse (par rapport à celle dans la matrice) à basses fréquences puis une décroissance vers la vitesse de la matrice. Ce résultat se justifie par la forme mathématique du modèle (équation 2.77) dont la limite quand f tend vers l'infini est k_{11}. L'augmentation du taux volumique de diffuseurs a pour effet d'augmenter les valeurs de la vitesse et de l'atténuation dans le milieu.

Ces résultats sont compréhensibles du fait que la vitesse de l'onde longitudinale est plus importante dans les diffuseurs que dans la matrice (augmentation de la vitesse) et que l'ajout d'inclusions favorise la diffusion dans le milieu, ce phénomène s'accompagnant de pertes d'énergie (augmentation de l'atténuation).

On remarque que les amplitudes des variations diffèrent en fonction de la fréquence, ce qui s'explique par les évolutions des caractéristiques de diffusion d'un obstacle seul selon les valeurs de $k_{11}.a$ (exemple d'une sphère d'air, figure 2.5).

Nous retenons l'augmentation de la vitesse et de l'atténuation avec le taux volumique de diffuseurs, ainsi que leurs évolutions fréquentielles marquées. Ce comportement fréquentiel, lié à la taille des obstacles, était attendu de part l'analyse les courbes relatives à la diffusion d'un seul obstacle.

Influence de la taille des sphères de roche

Les évolutions des caractéristiques ultrasonores en fonction de la fréquence pour différentes tailles d'inclusions sphériques sont portées sur la figure 4.8.

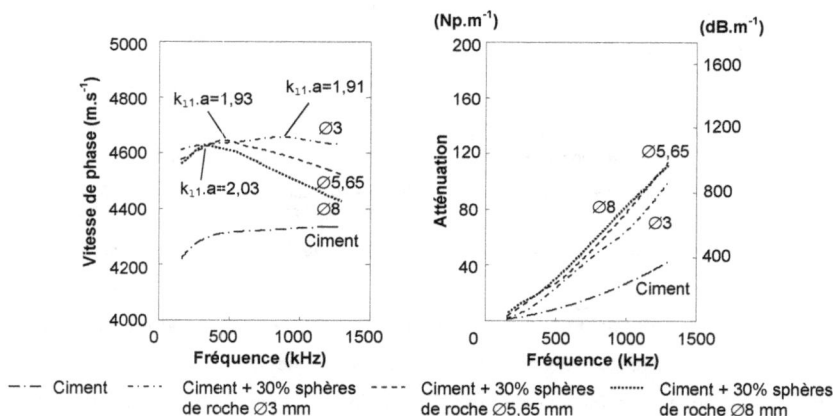

Figure 4.8: *Influence de la taille des sphères de roche sur la vitesse et l'atténuation simulées*

Nous observons, pour les vitesses de phase, un décalage des comportements fréquentiels en fonction de la taille des obstacles dans le milieu. Le maximum de chaque courbe de vitesse intervient pour une valeur de $k_{11}.a$ de l'ordre de 2, mais cette valeur évolue légèrement avec la taille des obstacles (plus la taille est importante, plus la valeur de k_{11}.a correspondant au maximum augmente). La variation maximale relative entre la vitesse dans le ciment et la vitesse dans le milieu équivalent est quasiment constante avec l'évolution de la taille.

Une modification des pentes de variation est également relevée: plus la taille est importante, plus les variations de vitesse en fonction de la fréquence sont marquées. Comme précédemment, la vitesse tend, quelque soit la taille, vers celle de la matrice.

L'atténuation présente un comportement moins nuancé en fonction des tailles sur le domaine fréquentiel exploré. On peut dire que la taille influe légèrement sur l'amplitude de l'atténuation équivalente obtenue. Cette influence est nettement moins importante que celle du taux volumique d'obstacles.

4.2.1.2. Amélioration de la description du milieu

Nous pouvons améliorer la description du milieu en affinant la prise en compte de l'étalement des tailles d'obstacles dans le milieu et la forme des obstacles.

Prise en compte de la répartition de taille

Nous traçons, sur la figure 4.9, les résultats concernant les calculs pour une valeur moyenne de taille d'obstacles, et les calculs correspondant à des répartitions des tailles autour de cette valeur moyenne. La première répartition considérée correspond à celle des gravillons 5/6,3 (figure 4.3) et la seconde à la même répartition dont l'écart-type a été doublé.

121

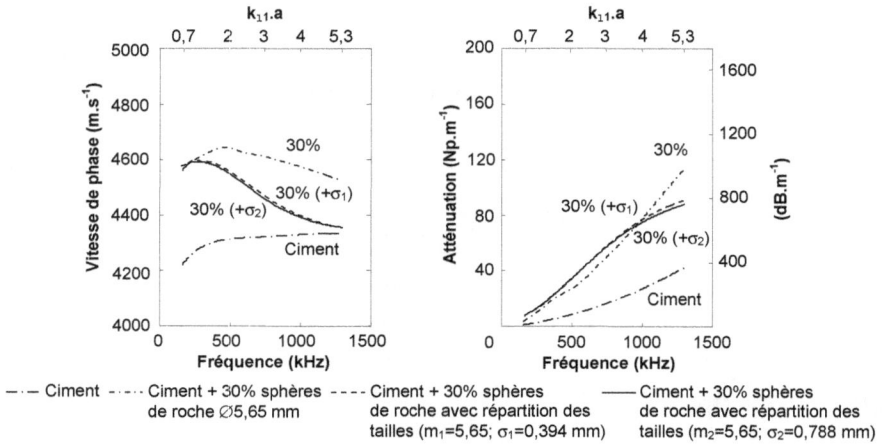

Figure 4.9: *Influence de la répartition de taille sur la vitesse et l'atténuation simulées*

L'introduction de la répartition de taille induit un affaissement des courbes de vitesse sur une grande partie du domaine fréquentiel (au dessus de 250-300 kHz). Le maximum de vitesse est ainsi observé pour une fréquence plus basse. La valeur de l'atténuation est plus importante vers les basses et moyennes fréquences (inférieures à 950-1000 kHz) mais plus faible dans le reste du domaine.

La modification de l'écart-type de la répartition (étalement des tailles) a une influence moins marquée. Il est à noter que plus la taille et le taux volumique sont importants, plus l'influence des répartitions de taille est marquée.

Prise en compte de diffuseurs sphéroïdaux

L'amélioration de la description du milieu peut se faire par l'introduction de forme de diffuseurs plus proche des formes réelles des granulats. Le sphéroïde aplati, dont les équations de diffusion sont présentées au chapitre 2, fait partie des éléments potentiellement capables d'apporter une amélioration. Les orientations aléatoires des granulats dans le milieu conduisent à considérer des valeurs moyennes, sur l'orientation du sphéroïde, des fonctions de diffusion.

Validations expérimentales et application à des bétons thermiquement endommagés

Les calculs concernant les sphéroïdes sont cependant très coûteux en temps et nous ne pouvons fournir que des résultats pour des ordres faibles, ce qui limite la validité de ces calculs au domaine des très basses fréquences (hors de notre domaine d'étude).

4.2.2. Résultats expérimentaux

Nous présentons les résultats obtenus pour l'auscultation des éprouvettes D2 à D7 (tableau 4.1) qui entrent dans l'étude de la granularité. Nous traitons le cas de l'évolution du taux volumique de granulats, celui de tailles différentes et celui de l'effet du sable. La comparaison avec la théorie est commentée au paragraphe suivant.

<u>Influence du taux volumique de granulats</u>

Nous traçons, sur la figure 4.10, les évolutions de la vitesse de phase et de l'atténuation mesurées pour les éprouvettes (D2 à D4) constituées d'une matrice de ciment contenant respectivement 10, 30 et 50% de gravillons 5/6,3.

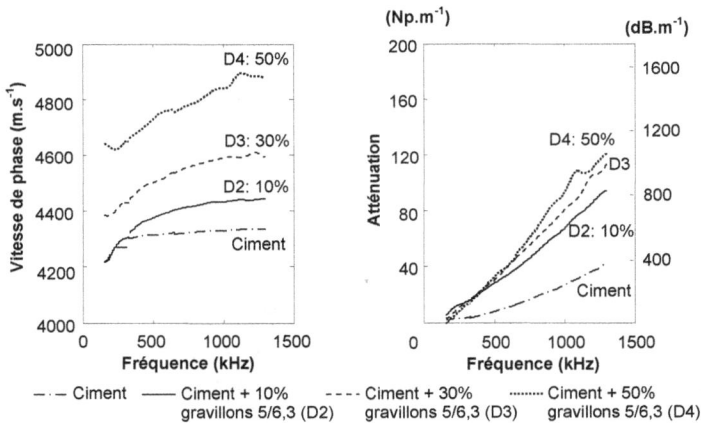

Figure 4.10: *Influence du taux volumique de granulats sur la vitesse et l'atténuation mesurées*

L'augmentation du taux volumique de granulats induit une augmentation des valeurs de vitesse et atténuation mesurées. Le phénomène est plus marqué pour les hautes fréquences. Plus le taux volumique est élevé plus les vitesses sont influencées.

Influence des tailles de granulats

Pour un même taux volumique de granulats (30%), nous observons, sur la figure 4.11, les évolutions de vitesse et atténuation en fonction de la fréquence pour trois éprouvettes (formulations dont les tailles de granulats sont différentes).

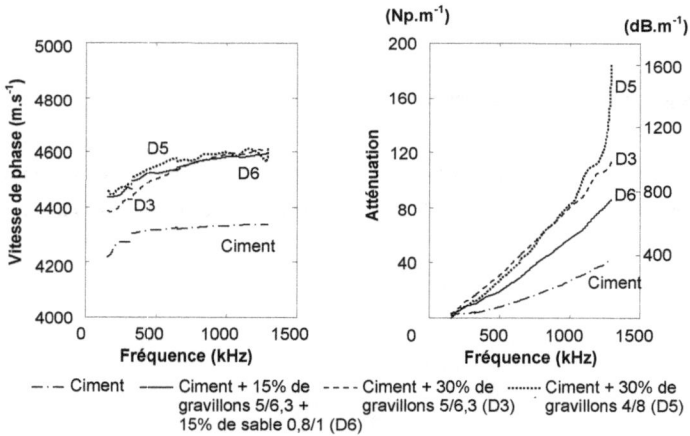

Figure 4.11: *Influence des tailles des granulats sur la vitesse et l'atténuation mesurées*

Les valeurs de vitesse sont quasiment identiques sur l'ensemble du domaine fréquentiel. Par contre, nous pouvons remarquer que l'atténuation du milieu contenant du sable est moins importante que celles des milieux ne contenant que des gravillons. Ce comportement, peu marqué à basses fréquences, s'accentue vers les hautes fréquences. Son origine est certainement liée aux granulats de très petites dimensions qui composent le sable et pour lequel le phénomène de diffusion est de faible amplitude (domaine de Rayleigh). L'atténuation observée doit être liée principalement à celle de la matrice de ciment et à la diffusion par les 15% de gravillons.

Influence de l'ajout de sable

Afin de préciser l'effet du sable sur les caractéristiques ultrasonores, nous comparons les mesures obtenues (figure 4.12) pour l'éprouvette contenant 30% de gravillons 4/8 (D5) et celle composée de 30% de sable et 30% de gravillons 4/8 (D7).

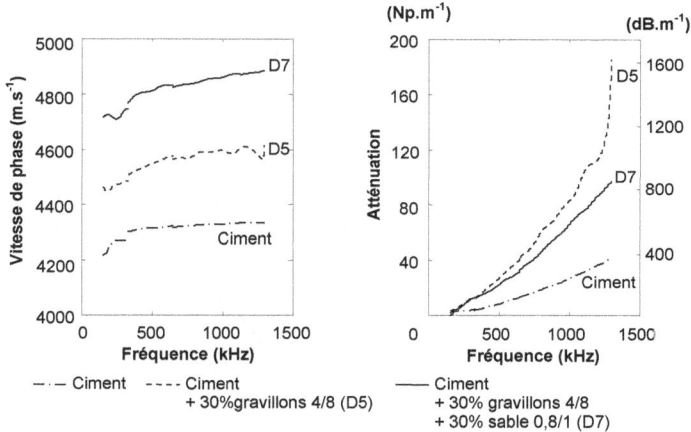

Figure 4.12: *Influence de l'ajout du sable sur la vitesse et l'atténuation mesurées*

Le sable introduit dans la formulation conduit à l'augmentation de la valeur de vitesse dans les mêmes proportions que celles observées lors de l'étude de l'influence du taux volumique. Par contre, l'atténuation diminue par rapport au milieu ne contenant que des gravillons. La tendance observée sur la figure 4.11 est confirmée.

Ces observations peuvent s'expliquer par le fait que la part d'atténuation de la matrice de ciment est moins importante dans le milieu contenant 60% de sable et gravillons que dans celui contenant 30% de gravillons, et que le sable est peu diffusant.

4.2.3. Comparaison théorie-expérience sur la granularité

Les évolutions théoriques et expérimentales montrent un comportement général commun concernant l'augmentation de la vitesse et de l'atténuation avec le taux volumique. Cependant, il apparaît des comportements fréquentiels différents entre les deux approches qui font apparaître une insuffisance dans la modélisation de la propagation. Afin d'illustrer notre propos, nous superposons sur la figure 4.13 les résultats pour un milieu contenant 30% de roches. La courbe expérimentale correspond à l'éprouvette contenant 30% de gravillons 5/6,3 (D3), les courbes théoriques au milieu contenant 30% de sphères de roches de diamètres tous égaux à 5,65 mm et à celui contenant 30% de sphères réparties sur une courbe gaussienne de moyenne 5,65 mm et d'écart-type 0,394 mm.

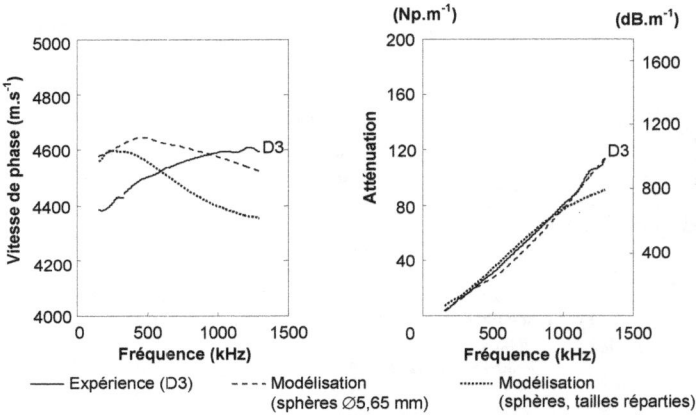

Figure 4.13: *Comparaison théorie-expérience (Ciment + 30% inclusions de roche taille 5,65 mm)*

Les ordres de grandeur des vitesses modélisées et expérimentales sont les mêmes. Cependant les comportements fréquentiels sont différents, avec des évolutions opposées. Les évolutions d'atténuation sont similaires et les amplitudes sont voisines. Pour cet exemple, l'accord théorie-expérience est quasi-parfait au niveau de l'atténuation pour une prise en compte des diffuseurs par une taille moyenne, mais cela n'est pas vérifié pour tous les taux volumiques.

L'introduction de la répartition de taille dans le milieu n'améliore pas les résultats concernant les vitesses et propose une atténuation qui diverge avec l'expérience pour les hautes fréquences.

4.2.4. Synthèse

Le modèle de propagation a permis de définir des évolutions de la vitesse et de l'atténuation en fonction du taux volumique et de la taille des diffuseurs sphériques de roche dans le ciment. Nous retenons que le comportement du modèle est en accord qualitatif avec les résultats expérimentaux pour les évolutions liées au taux volumique de diffuseurs. Par contre, les comportements fréquentiels modélisés et mesurés de la vitesse et de l'atténuation montrent des différences.

Les résultats obtenus permettent de conclure sur le besoin de mener des validations amonts sur des milieux à matrice de ciment mais dont les diffuseurs auraient des formes sphériques identiques et d'introduire progressivement dans le modèle de Waterman-Truell des diffuseurs plus proches des granulats au niveau des formes et répartitions de taille. Nous menons, dans la suite de ce chapitre, l'étude de l'endommagement du béton et nous montrons qu'il est possible de s'affranchir de la composition en introduisant, dans le modèle, une matrice dont les caractéristiques sont équivalentes à celles du milieu granulaire.

4.3. Etude de l'endommagement

La géométrie et les dimensions associées aux microfissures apparaissant lors de l'endommagement de béton étant difficiles à maîtriser ou évaluer, nous proposons une approche originale de validation du modèle sur des milieux à base de ciment simulant un endommagement par augmentation du taux volumique d'air. Nous présentons, tout d'abord, les simulations concernant ces milieux. Ensuite, les différents résultats expérimentaux obtenus (éprouvettes D8 à D14 et C15 à C19) sont commentés. Nous finissons par les comparaisons théorie-experience qui permettent de valider le modèle.

4.3.1. Modélisation des milieux endommagés

Le principe de simulation est identique à celui de l'étude de la granularité (figure 4.5). La matrice considérée est une matrice de ciment dont les caractéristiques sont les mêmes que celles définies précédemment. Nous simulons un endommagement dans le modèle par l'introduction d'inclusions sphériques d'air (tableau 4.2).

<u>Influence du taux volumique de sphères d'air</u>

Nous traçons, sur la figure 4.14, les évolutions de la vitesse et de l'atténuation en fonction de la fréquence pour trois taux volumiques différents. La valeur du critère de validité est également proposée.

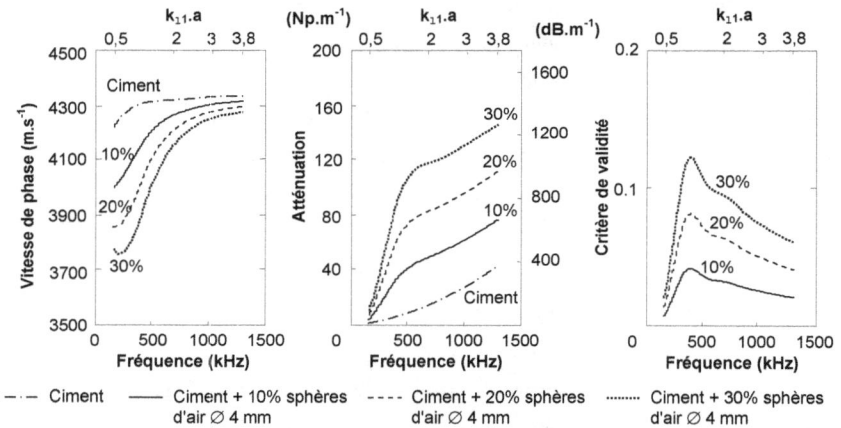

Figure 4.14: *Influence du taux volumique de sphères d'air sur la vitesse et l'atténuation simulées*

Nous observons que la vitesse de phase décroît avec le taux volumique d'inclusions d'air sur tout le domaine fréquentiel. Un minimum apparaît sur les courbes de vitesse pour une fréquence donnée. Plus le taux volumique est important, plus le minimum est décalé vers les hautes fréquences. Comme précédemment les courbes de vitesse tendent vers la vitesse dans la matrice pour les hautes fréquences.

Les courbes d'atténuation montrent un comportement croissant avec le taux volumique. Dans le domaine fréquentiel, nous observons une première zone de forte croissance puis une seconde zone où la pente devient plus faible. Celle-ci est alors identique à la pente de l'atténuation dans la matrice. Plus le taux volumique est important, plus la limite entre les deux zones évolue vers les hautes fréquences.

La valeur du critère augmente avec le taux volumique de sphères dans le milieu et présente un maximum pour une valeur de $k_{11}.a$ proche de 1. Comme pour la vitesse et l'atténuation, ce maximum se décale vers les hautes fréquences lorsque le taux volumique augmente. Pour un taux volumique de 30%, la valeur du critère atteint des niveaux de 12% ce qui correspond à des valeurs limites de validité du modèle observées dans des fluides hétérogènes [Pou 94].

Influence de la taille des sphères d'air

Les évolutions des caractéristiques ultrasonores en fonction de la fréquence pour différentes tailles d'inclusions sphériques sont portées sur la figure 4.15.

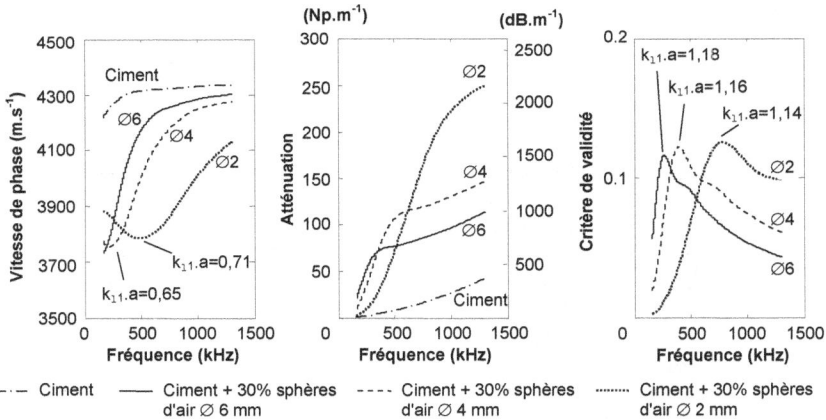

Figure 4.15: *Influence de la taille des sphères d'air sur la vitesse et l'atténuation simulées*

Nous observons, pour les vitesses de phase un décalage marqué des comportements fréquentiels en fonction de la taille des sphères d'air dans le milieu. Le minimum de chaque courbe de vitesse intervient pour une valeur de $k_{11}.a$ de 0,7. Cette valeur évolue légèrement avec la taille des obstacles (plus la taille est petite, plus la valeur de $k_{11}.a$ augmente). La variation maximale de vitesse entre celle du ciment et celle du milieu équivalent est quasiment constante avec l'évolution de la taille.

L'atténuation présente un comportement croissant avec l'évolution de taille. Comme précédemment, nous avons deux zones dont la dynamique de variation est différente.

La valeur maximale du critère est quasiment constante avec la taille des sphères mais sa position fréquentielle varie.

Nous retenons, en particulier, le comportement spécifique de la vitesse de phase qui présente un minimum caractéristique. Celui-ci est défini par trois paramètres qui sont ses positions fréquentielle et en amplitude et la largeur de la zone de chute de vitesse autour de ce minimum. De manière générale, la position fréquentielle dépend de la taille des diffuseurs, l'amplitude du taux volumique et la largeur de la zone, des deux simultanément.

Nous nous attacherons à vérifier si les résultats expérimentaux peuvent se positionner par rapport à ces variations.

4.3.2. Résultats expérimentaux

4.3.2.1. Endommagement simulé par des billes de polystyrène

Nous proposons, sur la figure 4.16, les évolutions expérimentales de la vitesse de phase et de l'atténuation de trois formulations utilisées dans l'étude de la granularité de celles de formulations identiques dans lesquelles ont été introduites des sphères de polystyrène expansé (∅2,84 mm).

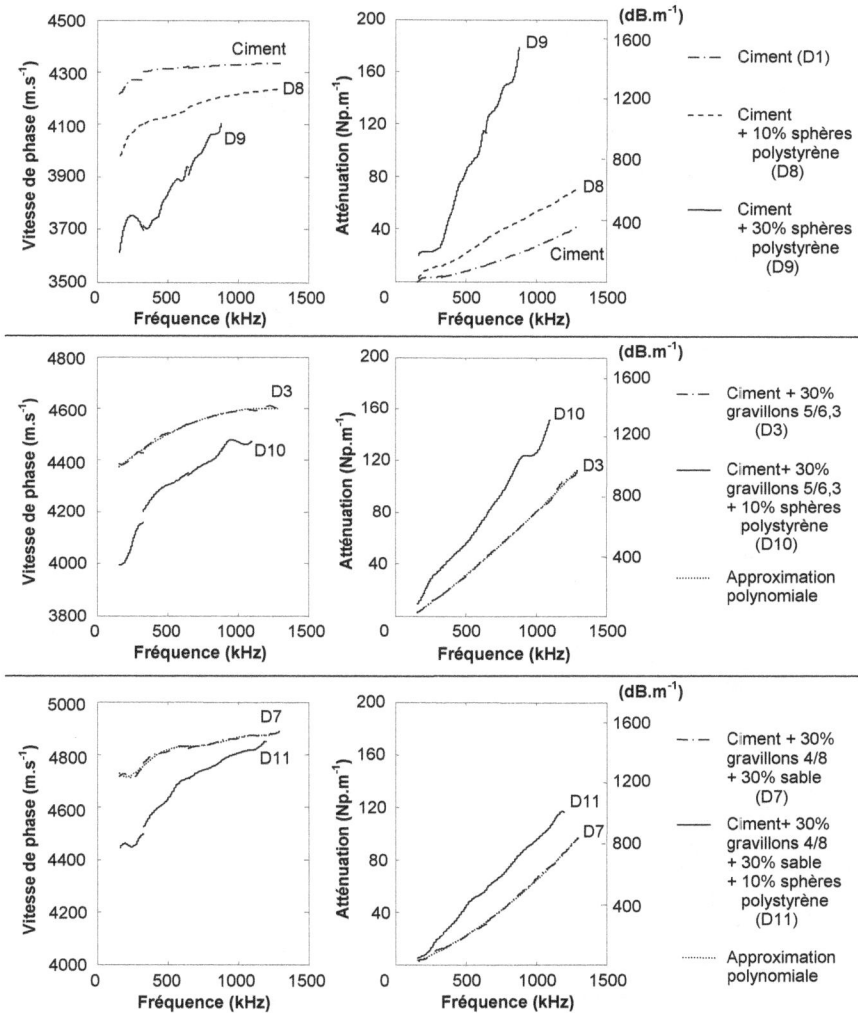

Figure 4.16: *Effets de l'ajout de polystyrène sur la vitesse et l'atténuation mesurées*

Nous pouvons observer que l'introduction des sphères de polystyrène conduit, pour toutes les formulations, à une diminution de vitesse. La diminution est plus importante pour les basses fréquences que pour les hautes. Il apparaît sur les courbes un minimum de vitesse pour une fréquence inférieure à 500 kHz. Plus le taux volumique est important, plus la chute est conséquente et plus le minimum est décalé vers les hautes fréquences.

Les courbes d'atténuation sont croissantes sur le domaine fréquentiel et il n'apparaît pas de comportement fréquentiel particulier. Les pentes des courbes et les valeurs d'atténuation augmentent avec le taux volumique de polystyrène. Plus la fréquence est importante, plus les différences entre courbes sans et avec polystyrène sont marquées. Dans tous les cas étudiés, l'ajout de billes de polystyrène conduit à une atténuation plus importante.

Les approximations polynomiales des courbes de vitesse et atténuation proposées serviront de données d'entrée pour les valeurs concernant les matrices utilisées dans les simulations du comportement des ondes par le modèle de propagation (paragraphe 4.3.3.).

4.3.2.2. Endommagement thermique sur pâtes de ciment

Pâte de ciment seule

La figure 4.17 propose les courbes correspondant aux mesures ultrasonores réalisées sur la pâte de ciment saine et celle chauffée à une température maximale de 180°C.

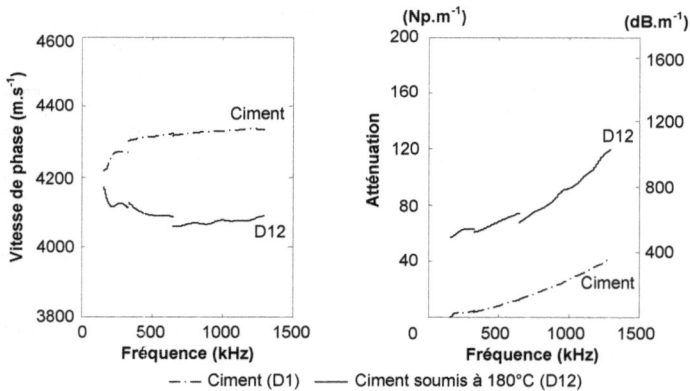

Figure 4.17: *Evolutions de la vitesse et de l'atténuation mesurée dans le ciment endommagé*

Nous pouvons tout d'abord remarquer que l'endommagement thermique introduit une chute de vitesse (~ 300 m.s^{-1}) et une augmentation d'atténuation (~ 60 Np.m^{-1}) et ceci quelle que soit la fréquence.

Le comportement fréquentiel de la vitesse de phase est modifié: la vitesse dans le ciment sain est globalement croissante avec la fréquence alors que celle dans le ciment endommagé est plutôt décroissante. A hautes fréquences (> 700-800 kHz), les vitesses sont légèrement croissantes. Il existe donc d'un minimum local vers 600 à 700 kHz.

Les courbes d'atténuation montrent un décalage d'amplitude et une légère augmentation de la pente pour l'éprouvette endommagée. Les croissances des courbes s'accentuent légèrement avec la fréquence.

<u>Pâte de ciment + granulats de différentes tailles</u>

Nous proposons, sur la figure 4.18, un second exemple d'étude de l'endommagement thermique d'éprouvette à base de ciment. Cette fois, les milieux contiennent également des granulats de taille et de densité différentes.

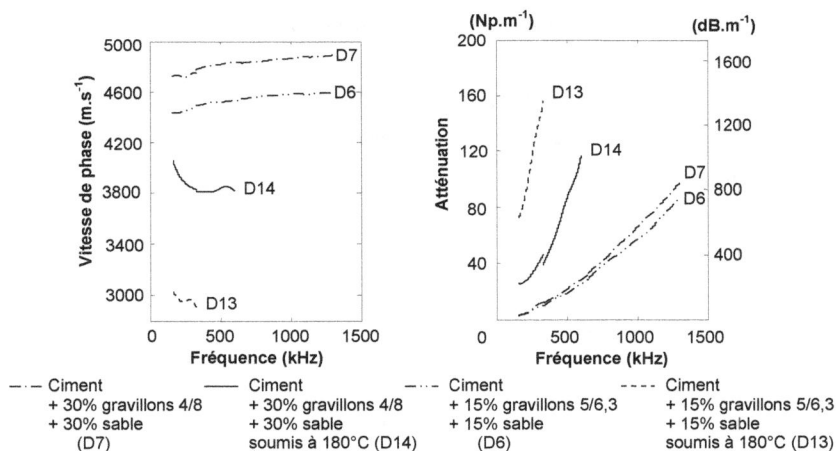

Figure 4.18: *Evolutions de la vitesse et de l'atténuation mesurée dans deux éprouvettes à base de ciment et granulats ayant subi un endommagement thermique*

Le comportement général observé est le même: chute de vitesse de phase et augmentation de l'atténuation. Les amplitudes des variations sont plus marquées pour l'éprouvette contenant 30% de granulats que pour celle en contenant 60%. Les domaines d'étude sont réduits du fait que les milieux auscultés deviennent trop atténuants pour des fréquences élevées. L'éprouvette D14 montre un minimum local de la vitesse de phase vers 400 kHz. Pour l'éprouvette D13, la bande passante est limitée et ne nous permet pas d'observer, s'il existe, un minimum de vitesse.

L'atténuation offre une modification des pentes de croissance avec la fréquence entre un milieu sain et un milieu thermiquement endommagé. Les niveaux atteints, à basses fréquences, pour le milieu contenant 30% de granulats, laissent présager un fort endommagement du matériau.

4.3.2.3. Endommagement thermique sur un béton à hautes performances

Plus le niveau des ondes incohérentes est élevé, plus l'écho transmis est difficile à isoler. Dans le cas d'un béton à hautes performances dont les éprouvettes cylindriques ont des dimensions latérales réduites par rapport à la longueur, les ondes diffusées dans le milieu sont réfléchies sur les bords et une partie incohérente s'ajoute aux signaux reçus. Le domaine d'étude est donc limité à la seule bande passante des transducteurs à 250 kHz.

Les résultats ultrasonores obtenus (figure 4.19) correspondent à des moyennes sur 9 positions de tirs proches les unes des autres (dimensions latérales réduites), ce qui réduit la qualité de la mesure.

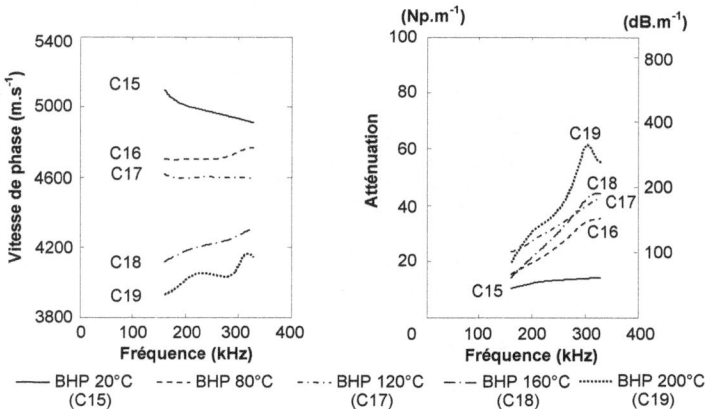

Figure 4.19: *Evolutions de la vitesse et de l'atténuation mesurée dans un BHP endommagé*

Le comportement des vitesses observé confirme celui obtenu pour les éprouvettes en forme de disque. Une chute de vitesse est observée quel que soit la fréquence d'étude. Les pentes des vitesses en fonction de la fréquence sont progressivement inversées. Elles transitent d'une valeur négative pour le milieu sain à une valeur positive pour les milieux les plus endommagés. Ce dernier comportement diffère de celui observé pour la pâte de ciment seule mais l'ajout des granulats dans la matrice de ciment modifie la vitesse de phase initiale et influe sur l'endommagement du matériau. Dans le béton testé, les microfissures sont observées principalement autour de granulats, c'est-à-dire à l'interface pâte/granulat mais également perpendiculairement à cette interface [Has 01]. Ce comportement spécifique du développement des microfissures dans les bétons ne peut avoir lieu dans la pâte de ciment seule.

Les résultats concernant l'atténuation montrent une augmentation de celle-ci avec le taux d'endommagement du matériau et également une pente plus élevée avec ce même taux. Seule la courbe du BHP à 120°C (C17) ne suit pas ces évolutions générales.

4.3.3. Comparaison théorie-expérience sur l'endommagement

Cas de l'endommagement simulé

Les courbes expérimentales correspondant aux résultats obtenus par le modèle de Waterman-Truell sont montrées sur la figure 4.20 pour le cas de l'endommagement simulé par des sphères de polystyrène expansé.

Le principe des simulations est le même que précédemment. Les caractéristiques prises en compte pour les matrices sont les approximations des données expérimentalement obtenues sur les milieux sans polystyrène (éprouvettes D1, D3 et D7, figure 4.16) et pour les caractéristiques des diffuseurs, celles des sphères de polystyrène de diamètre 2,84 mm (tableau 4.2).

Les vitesses des ondes transversales de ces matrices (non mesurées) sont évaluées, pour une fréquence de 500 kHz, à partir de la vitesse de phase de l'onde longitudinale en respectant le rapport existant entre les vitesses des ondes longitudinale et transversales pour l'éprouvette de ciment à cette fréquence. Comme pour la matrice de ciment, ces valeurs sont ensuite utilisées sur l'ensemble du domaine fréquentiel.

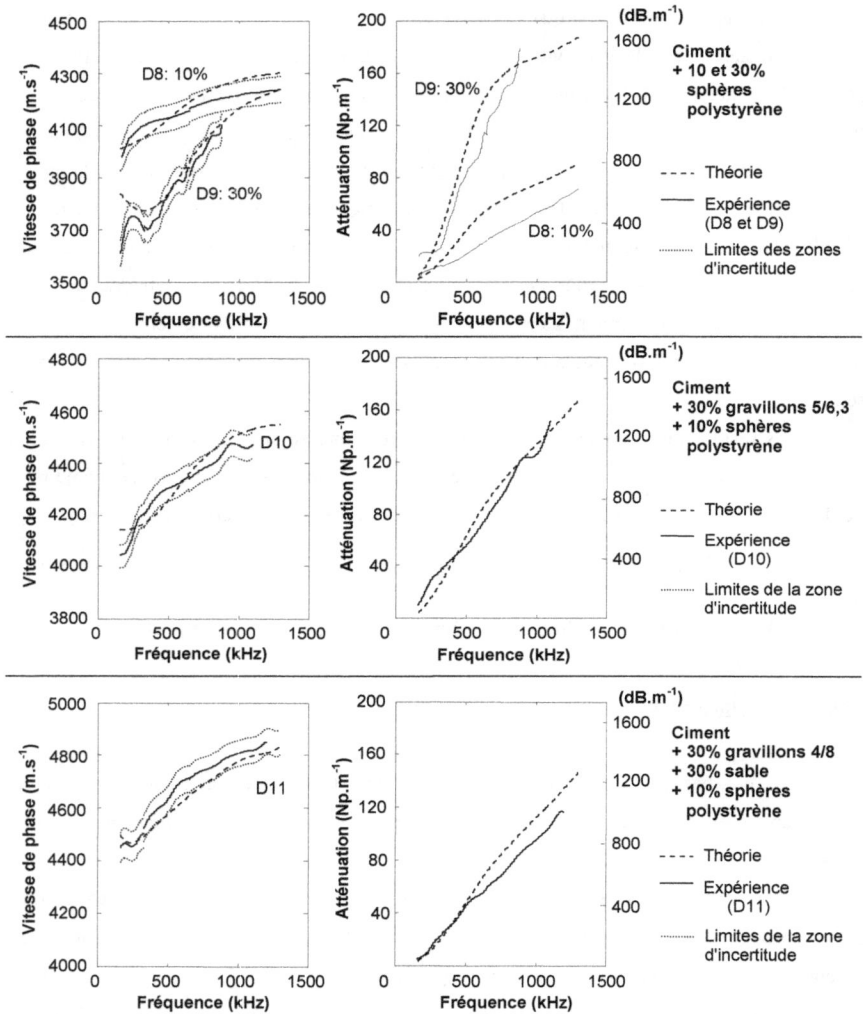

Figure 4.20: *Comparaison théorie-expérience (Milieux à base de ciment + sphères de polystyrène)*

Nous avons porté sur les courbes de vitesse les valeurs limites des zones d'incertitude de mesure pour pouvoir juger de l'écart qui existe entre les courbes théoriques et expérimentales. Nous ne l'avons pas fait pour l'atténuation car les zones d'incertitudes sont petites (2 Np.m^{-1}) par rapport aux amplitudes des atténuations mesurées et les courbes correspondantes sont proches de la valeur moyenne, ce qui fait perdre de la lisibilité.

Nous obtenons un très bon accord théorie-expérience pour les évolutions de vitesse où les amplitudes sont du même ordre et les comportements en fonction de la fréquence, de la taille et du taux volumique sont correctement décrits. Un léger décalage fréquentiel des minima de vitesse est observé pour les comparaisons portant sur les éprouvettes D8 et D10. Les courbes théoriques ne sortent que rarement de la zone d'incertitude des mesures, ce qui confirme le bon accord.

Pour l'atténuation, un bon accord est obtenu pour les valeurs d'amplitudes (sauf pour le cas du ciment + 10% de polystyrène) et pour les pentes de variation en général. Les comportements locaux qui apparaissent en fonction de la fréquence sont différents.

Les différences observées peuvent avoir diverses origines telles que la dispersion des mesures dans nos milieux fortement hétérogènes malgré le moyennage sur 16 positions, les incertitudes (non évaluées) sur le taux volumique et la taille de diffuseurs, les valeurs réelles des vitesse de phase des ondes transversales dans la matrice, la sphéricité des diffuseurs, ou encore l'intégration de l'atténuation de la matrice, dans le modèle, qui équivaut à une addition avec celle calculée par la diffusion.

Cas d'endommagements thermiques

Les différents comportements expérimentaux observés (figures 4.17 à 4.19) sont à rapprocher de ceux décrits par le modèle (figures 4.14 et 4.15). Les comportements généraux obtenus par la modélisation, c'est-à-dire la chute de la vitesse et l'augmentation de l'atténuation avec la croissance de l'endommagement, sont observés sur l'ensemble des éprouvettes auscultées. Le comportement en vitesse nous paraît particulièrement intéressant.

Que ce soit dans le cas des éprouvettes de validation ou dans le cas de bétons à hautes performances, les évolutions des vitesses de phase peuvent être intégrées dans des courbes présentant un minimum évoluant avec le taux volumique et la taille des diffuseurs.

Pour le cas des échantillons D12 (figure 4.17) et D14 (figure 4.18), le minimum existe. Pour les autres cas, si le minimum existe, le domaine fréquentiel exploré ne nous permet pas de le visualiser.

La présence de ces minima permet de conclure à une tendance très positive pour la validité du modèle qui reste cependant à préciser pour ces états microfissurés. Une description plus fine de la forme de fissures (sphéroïde, disque) dans la modélisation et la prise en compte de répartition de taille des diffuseurs nous semblent être des solutions à ce problème.

4.3.4. Synthèse

Nous avons réalisé l'étude théorique des évolutions de la vitesse de phase et de l'atténuation en fonction des évolutions du taux volumique et de la taille des sphères d'air dans le milieu ainsi que l'étude des comportements expérimentaux de ces mêmes quantités sur des éprouvettes contenant des sphères de polystyrène et thermiquement endommagées.

L'analyse des résultats de la modélisation montre un comportement caractéristique de la vitesse de phase à travers les paramètres de positions et formes associées à un minimum. Les comparaisons théorie-expérience effectuées nous permettent de valider le modèle, au niveau du comportement de la vitesse de phase en fonction des évolutions du taux volumique et de la taille des diffuseurs sphériques d'air. Dans le cas de l'endommagement thermique les résultats expérimentaux sont en accord qualitatif pour les variations de la vitesse de phase et de l'atténuation face aux évolutions simulées. L'étude théorique, sur la base du même modèle, pourra être effectuée lorsque l'analyse microstructurale des échantillons nous donnera les formes et tailles des microfissures, non maîtrisées pour l'instant.

Actuellement, la principale difficulté réside dans la modélisation des inclusions d'une manière plus réaliste. Il est possible d'intégrer des sphéroïdes ou des disques dans les calculs ou alors d'établir un lien entre des sphères et les microfissures par des coefficients morphologiques par exemple.

Plus généralement, sur un béton à hautes performances, nous avons montré la possibilité d'obtenir des mesures de vitesse de phase et atténuation pour nos transducteurs basses fréquences dans le cadre d'un montage en immersion. Ces quantités sont significatives de l'état d'endommagement du matériau et pourraient à l'avenir participer à sa caractérisation quantitative.

4.4. Cas de la mesure industrielle de l'endommagement thermique

Dans le paragraphe précédent, nous avons vu, que la mesure de vitesse de phase doit permettre à terme une évaluation de l'endommagement thermique d'un béton. Dans le cadre d'une application industrielle, la mesure de vitesse par chronométrie est la plus utilisée. Nous effectuons des mesures sur les éprouvettes C14 à C19 représentatives de celles utilisées dans le génie civil.

Nous décrivons, tout d'abord, la problématique associée aux mesures ultrasonores industrielles dans le béton à partir de laquelle l'intérêt de la mesure de vitesse par chronométrie est souligné. Nous présentons ensuite la méthode retenue pour effectuer cette mesure et nous finissons par l'analyse des vitesses expérimentales obtenues par chronométrie et leurs liens avec la vitesse de phase.

4.4.1. Problématique

Les mesures de vitesse de phase et d'atténuation que nous avons réalisées jusqu'à présent sont des mesures de laboratoire difficilement applicables dans l'industrie. Si la méthode par comparaison peut être rapidement mise en œuvre (le principal problème réside dans le choix de la pièce de référence), les essais en immersion demandent une logistique importante et leur utilisation industrielle est réduite. Dans le génie civil, les mesures classiquement réalisées sont des mesures de vitesse par chronométrie pour des montages au contact et en transmission d'ondes.

Les différences qui existent entre ces types de mesure portent essentiellement sur l'utilisation du champ proche ou lointain des transducteurs et les conditions de couplage entre l'éprouvette et les capteurs.

Le faisceau en champ proche suit une évolution complexe (paragraphe 3.2.2.), dépendant du milieu de propagation, et sa description est difficile à établir. Il est donc possible que des variations de phase et d'amplitude des signaux obtenus ne soient liées qu'à la construction du faisceau. Les qualité et précision de la mesure sont dégradées par rapport à des mesures en champ lointain où l'on peut corriger nos mesures selon la divergence du faisceau.

La deuxième différence notable est la qualité du couplant et la reproductibilité que l'on peut obtenir sur les mesures. Dans le cas de l'immersion, nous disposons d'un milieu de couplage peu dispersif et atténuant dont nous connaissons les caractéristiques ultrasonores et l'épaisseur. Pour les mesures au contact, nous utilisons une pâte de caractéristiques complexes pour laquelle nous faisons l'hypothèse d'une épaisseur constante d'une mesure à l'autre. Cependant l'effort appliqué dans l'axe des transducteurs influe sur cette épaisseur et sur la qualité de la transmission, donc sur l'énergie totale transmise. Sans maîtrise de cet effort (ce qui est le plus souvent le cas), la mesure d'atténuation par comparaison ne peut être envisagée.

De plus, comme nous l'avons vu précédemment, la géométrie des éprouvettes conduit à une quantité d'ondes incohérentes sur les signaux reçus importante et la mesure par chronométrie devient alors le seul moyen d'évaluation de la vitesse ultrasonore dans le milieu.

4.4.2. Mesure de vitesse par chronométrie

La mesure par chronométrie se fait par des relevés de temps sur les signaux obtenus. La connaissance de l'épaisseur traversée permet d'évaluer la vitesse. Les méthodes de détection des temps caractéristiques sont nombreuses allant du simple relevé visuel de coordonnées de points à des techniques plus complexes comme l'intercorrélation par exemple qui comparent les formes d'échos pour évaluer leur décalage temporel.

Le caractère dispersif et atténuant du béton est très perturbateur de la forme des signaux et nous retenons la solution simple de relevé du point correspondant au premier maximum de l'écho reçu. La méthode utilisée est une méthode par comparaison des signaux obtenus dans l'eau et dans l'éprouvette (figure 4.21). Comme précédemment, nous exploitons le couple de transducteurs à 250 kHz.

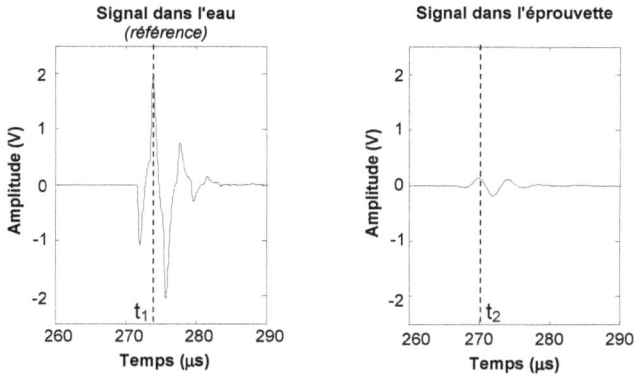

Figure 4.21: *Mesure de vitesse ultrasonore par chronométrie (transducteurs 250 kHz)*

La vitesse dans l'éprouvette est obtenue par:

$$c_{chrono} = \frac{e}{t_2 - t_1 + \dfrac{e}{c_{eau}}} \qquad (4.1)$$

où e est l'épaisseur de l'éprouvette, t_1 est le temps relevé sur l'écho obtenu dans l'eau, t_2 le temps relevé sur l'écho de l'onde ayant traversé l'éprouvette et c_{eau} la vitesse dans l'eau.

4.4.3. Comparaison des vitesses ultrasonores dans le béton à hautes performances

Nous reprenons les résultats de mesures de vitesse de phase concernant l'endommagement thermique d'un béton à hautes performances et superposons aux courbes les résultats obtenus par la mesure de vitesse par chronométrie (figure 4.22).

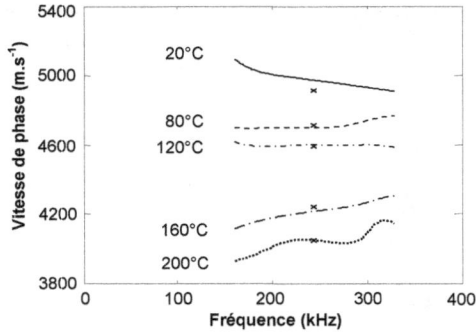

Figure 4.22: *Comparaison des vitesses ultrasonores mesurées dans un BHP endommagé*

Les vitesses ultrasonores obtenues par chronométrie (marquées par des croix) diminuent avec l'augmentation du niveau de sollicitation thermique comme les vitesses de phase. Elles sont en bon accord avec les valeurs des vitesses de phase et sont donc significatives d'un endommagement dans le matériau. Sur cet exemple d'application, la vitesse obtenue par chronométrie se révèle donc être un indicateur de l'endommagement thermique.

Si le comportement de la vitesse de phase présentait un minimum exploitable pour la caractérisation quantitative de l'endommagement, il serait alors intéressant pouvoir accéder industriellement à cette vitesse. Cela pourrait donc se faire par une analyse fréquentielle classique d'échos ou à défaut par le multiplication des mesures obtenues par chronométrie.

4.5.   Identification des diffuseurs par une méthode d'optimisation

L'endommagement thermique des bétons est accompagné par une augmentation du taux volumique d'air dans le matériau. Cette augmentation est liée au développement de microfissures dans la matrice de ciment. La caractérisation ultrasonore complète de cet endommagement peut se faire par la résolution d'un problème inverse portant sur les relations entre les caractéristiques des diffuseurs et les paramètres ultrasonores mesurés.

Nous avons montré le bon accord entre les données fournies par le modèle de Waterman-Truell et celles provenant de mesures expérimentales, notamment pour la vitesse de phase sur des milieux simulant un endommagement. Même si le passage de ces milieux à celui de bétons thermiquement endommagés n'est pas encore établi, il est intéressant de mener une première étude du problème inverse permettant d'en dégager les potentialités de réussite.

Nous rappelons tout d'abord le principe général d'inversion, la démarche adoptée pour cette première étude et les principes de base de l'algorithme utilisé. Nous présentons ensuite une analyse du problème par la réalisation de "crimes inverses" [Idi 01, Buc 02] et nous finissons par un exemple d'essais réalisés sur des données expérimentales.

4.5.1. Principe général et démarche de résolution

En caractérisation non destructive, la résolution d'un problème inverse est possible lorsqu'on dispose de données expérimentales justes, d'un modèle mathématique direct adapté et que le problème soit "bien posé" [Idi 01]. Les conditions pour que ce problème soit "bien posé" sont l'existence, l'unicité et la continuité de la solution.

Lorsque le modèle direct présente une forme algébrique simple, ces conditions peuvent être vérifiées et l'inversion analytique s'effectue alors sur les équations du modèle. En pratique, les modèles ont souvent des formes complexes qui reposent souvent sur des calculs numériques et il n'est alors pas possible d'étudier analytiquement le problème.

Vérifier le caractère "bien" ou "mal posé" du problème peut être approché par l'analyse de la sensibilité du modèle face aux variations des paramètres d'entrée sur lesquels porte l'inversion. Ensuite les techniques d'optimisation proposent des solutions qui conduisent à une inversion par convergence vers la solution.

Le principe général des techniques d'optimisation est présenté par le schéma de la figure 4.23. Elles consistent à minimiser l'écart entre les données provenant de la mesure $\left(\bar{Y}\right)$ et celles obtenues par le modèle direct $\left(\bar{y}\left(\bar{p}_k\right)\right)$.

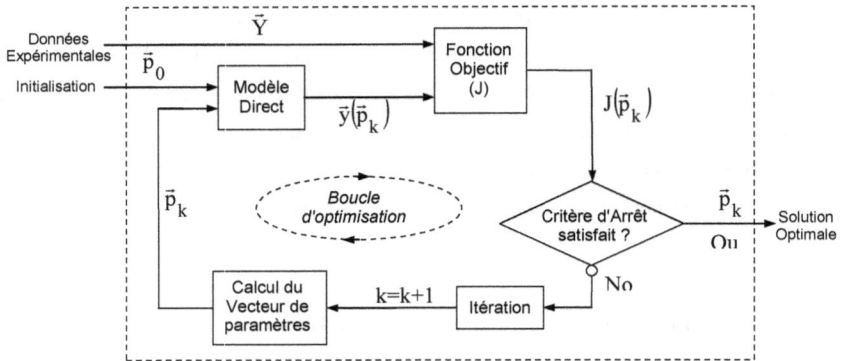

Figure 4.23: *Schéma de principe de l'inversion par optimisation*

La fonction objectif (J) caractérisant l'écart entre les données est généralement définie par l'estimateur au sens des moindres carrés:

$$J\left(\vec{p}_k\right) = \sum_{i=1}^{n} \left(y_i\left(\vec{p}_k\right) - Y_i\right)^2 \tag{4.2}$$

où les y_i et les Y_i sont les composantes respectives de $\vec{y}$ et $\vec{Y}$, m est le nombre de paramètres contenus dans $\vec{p}_k$ et n le nombre d'informations disponibles contenues dans $\vec{Y}$.

La méthode d'optimisation permet de définir le principe de calcul des paramètres et le critère d'arrêt de manière à ce que la fonction objectif converge vers un minimum. On distingue deux types de méthodes selon qu'elles sont capables de déterminer un minimum local ou global. Les premières ont l'avantage de proposer une mise en œuvre simple et une convergence rapide et sont souvent suffisantes (lorsque la fonction objectif présente peu de minima). Les secondes permettent de converger vers la solution mais sont très coûteuses en temps de calcul. On a souvent recours à ces dernières lorsque les méthodes locales ont montré leur insuffisance.

Nous ne faisons pas une revue exhaustive des méthodes mais nous présentons celle que nous avons utilisée, issue des fonctions d'optimisation de Matlab®. L'algorithme utilisé est celui de Levenberg-Marquardt [Mar 63, Mor 77] qui étend le domaine de la méthode locale de Newton.

Ces méthodes sont itératives et génèrent une suite de vecteurs des paramètres $\vec{p}_k$ qui permettent à la fonction objectif (J) de converger vers un optimum local. A chaque itération k, le vecteur $\vec{p}_{k+1}$ est défini tel que:

$$\begin{cases} J\left(\vec{p}_{k+1}\right) < J\left(\vec{p}_k\right) & (4.3) \\ \vec{p}_{k+1} = \vec{p}_k + \alpha_k . d_k & (4.4) \end{cases}$$

avec α_k est le pas de variation et d_k est la direction de variation.

Les méthodes de Newton consistent à calculer une approximation au second ordre par un développement de Taylor de la fonction objectif (J). Cela suppose que J est deux fois continûment différentiable.

Si $\overline{\overline{\nabla}}^2\left[J\left(\vec{p}_k\right)\right]$ est une matrice définie positive, l'équation de variation des paramètres s'exprime par (Méthode de Newton):

$$\vec{p}_{k+1} = \vec{p}_k - \left[\overline{\overline{\nabla}}^2\left[J\left(\vec{p}_k\right)\right]\right]^{-1} . \vec{\nabla}\left[J\left(\vec{p}_k\right)\right] \qquad (4.5)$$

Si $\overline{\overline{\nabla}}^2\left[J\left(\vec{p}_k\right)\right]$ est une matrice définie négative, l'équation de variation des paramètres s'exprime par (Méthode de Levenberg-Marquardt):

$$\vec{p}_{k+1} = \vec{p}_k - \left[\overline{\overline{M}}_k\right]^{-1} . \vec{\nabla}\left[J\left(\vec{p}_k\right)\right] \qquad (4.6)$$

où $\overline{\overline{M}}_k$ vaut $\overline{\overline{\nabla}}^2\left[J\left(\vec{p}_k\right)\right] - \mu_k . \overline{\overline{I}}$ avec μ_k supérieur à 0 de manière à ce que $\overline{\overline{M}}_k$ soit définie positive.

L'analyse de la sensibilité des paramètres est souvent longue à mener et les résultats difficiles à interpréter. Même si elle ne peut être considérée comme l'analyse complète de la sensibilité du modèle, l'étude des évolutions de vitesse de phase et atténuation en fonction des taux volumique et diamètre de sphères d'air a déjà permis de dégager les tendances générales positives sur l'existence et la continuité de la solution sur notre domaine d'étude. N'ayant pas la possibilité de résoudre le problème inverse complet mais souhaitant simplement dégager des indices permettant de juger de sa faisabilité, nous faisons l'hypothèse d'un problème "bien posé" et nous analysons les résultats obtenus pour un crime inverse.

4.5.2. Crime inverse

Le crime inverse consiste à remplacer les données expérimentales (vecteur $\bar{Y}$) par des données obtenues à partir du modèle mathématique. S'il ne permet pas d'assurer, dans l'absolu, que le problème est "bien posé", il permet de juger de la robustesse de la méthode d'optimisation choisie par rapport au modèle, aux paramètres à optimiser et aux valeurs initiales choisies [Idi 01].

Dans notre cas, le modèle direct est composé du modèle de diffusion par une sphère et du modèle de propagation de Waterman-Truell (figure 4.5). Nous traitons le problème d'inversion à partir des données de sortie concernant la vitesse de phase avec une valeur tous les 25 kHz entre 175 et 1300 kHz, soit un vecteur de données de 46 composantes. Les paramètres recherchés et liés à l'endommagement sont la densité d'inclusions (n_0) et la taille des obstacles (rayon a) dans le milieu. Nous traitons l'inversion sur chacun des paramètres séparément puis sur les deux simultanément.

Le milieu considéré est une matrice de ciment contenant des sphères d'air. Les données de références sont obtenues par le modèle direct pour un milieu contenant 15% de sphères identiques de diamètre 2a de 3 mm. Nous testons (tableau 4.3) différentes valeurs initiales des paramètres dans des plages physiques réalistes: rayon compris entre 0,5 et 2,5 mm et densité d'inclusions n_0 (nombre d'inclusions/m^3) choisie telle que le taux volumique soit compris entre 5 et 25%.

Paramètre à optimiser	Valeur vraie	Valeur initiale	Valeur optimisée	Erreur
Rayon a (mm)	1,5	0,5	1,5	0%
		1		
		1,5		
		2		
		2,5		
Densité d'inclusions n_0 (Nb d'inclusions / m^3)	10610330 (15%)	3536777 (5%)	10610330 (15%)	0%
		7073553 (10%)		
		10610330 (15%)		
		14147106 (20%)		
		17683883 (25%)		

Tableau 4.3: *Résultats d'optimisation portant sur un paramètre d'entrée (crime inverse)*

Pour l'inversion portant sur seul paramètre d'entrée, nous observons que l'ensemble des essais réalisés conduit à retrouver les valeurs vraies: quelque soit l'écart entre la valeur initiale choisie et celle vraie, nous convergeons vers la valeur vraie.

La connaissance *a priori* d'un des deux paramètres d'intérêt n'étant pas acquise, il est intéressant maintenant de tester le comportement du système d'inversion pour le cas où l'on recherche simultanément deux paramètres (tableau 4.4).

Paramètres à optimiser	Valeurs vraies a	n_0	Valeurs initiales a	n_0	Valeurs optimisées a	n_0	Erreurs a	n_0
Rayon a et Densité d'inclusions n_0	1,5	10610330 (15%)	0,5	10610330	1,5	10610330	0%	0%
			1					
			1,5					
			2					
			2,5					
			1,5	3536777				
				7073553				
				14147106				
				17683883	1,21	17683883	19,3%	66,7%
			0,5	95492966	0,574	95492966	61,7%	800%
			0,5	477464829	0,318	477464829	78,8%	4400%
			2,5	763944	10,296	563070	311,8%	94,7%
			2,5	3819719	1,5	10610330	0%	0%
(a est exprimé en mm, n_0 en nombre d'inclusions par m^3)								

Tableau 4.4: *Résultats d'optimisation portant sur deux paramètres d'entrée (crime inverse)*

Dans le cas de l'inversion portant sur deux paramètres, la convergence reste parfaite lorsqu'on choisit un vecteur d'entrée de densité d'inclusions égale à la densité vraie et cela quelque soit le rayon. Lorsque le rayon initial est pris égal au vrai rayon, nous obtenons des résultats qui divergent seulement pour une densité d'inclusions élevée et correspondant à un taux volumique de 25%. Lorsque le vecteur est choisi de manière quelconque, nous observons une divergence des résultats. Nous notons le bon résultat obtenu pour le dernier cas.

4.5.3. Essais sur des données expérimentales

Nous menons un premier essai sur des données expérimentales afin d'observer une éventuelle perturbation des résultats due à la dispersion des mesures et à la réduction du domaine fréquentiel (hautes fréquences trop atténuées pour obtenir une mesure). La mesure de la vitesse de phase est exploitée pour le problème d'inversion tous les 25 kHz sur un domaine compris entre 225 et 875 kHz, soit un vecteur de données de 26 composantes.

Le milieu considéré est celui d'une matrice de ciment contenant 30% de sphères de polystyrène expansé (éprouvette D9). Les résultats de l'inversion portant sur un paramètre sont fournis dans le tableau 4.5.

Paramètre à optimiser	Valeur vraie	Valeur initiale	Valeur optimisée	Erreur
Rayon a (mm)	1,42	0,5	1,493	5,1%
		1		
		1,42		
		1,5		
		2		
		2,5		
Densité d'inclusions n_0 (Nb d'inclusions / m^3)	25013105 (30%)	4168851 (5%)	27542335 (33%)	10,1%
		8337702 (10%)	27542339 (33%)	10,1%
		16675404 (20%)	27542335 (33%)	10,1%
		25013105 (30%)	27517633 (33%)	10%

Tableau 4.5: *Résultats d'optimisation portant sur un paramètre d'entrée (données expérimentales)*

Pour l'inversion portant sur la détermination du rayon, nous identifions un rayon de 1,493 mm qui est proche du rayon moyen mesuré (1,42 mm). Concernant la détermination de la densité d'inclusions nous obtenons également des résultats quasi-constants pour des variations des valeurs d'initiales. Les erreurs sont peu importantes et légèrement plus faibles pour l'identification du rayon que celle de la densité d'inclusions.

Comme précédemment, nous considérons le cas de l'inversion sur deux paramètres. Les résultats sont regroupés dans le tableau 4.6.

Paramètres à optimiser	Valeurs vraies		Valeurs initiales		Valeurs optimisées		Erreurs	
	a	n_0	a	n_0	a	n_0	a	n_0
Rayon a et Densité d'inclusions n_0	1,42	25013105 (30%)	0,5	25013105	1,493	25013105	5,1%	0%
			1					
			1,42					
			1,5					
			2					
			2,5					
			1,42	4168851	3,718	4168851	161,8%	83,3%
				8337702	2,511	8337702	76,8%	66,7%
				16675404	1,493	25002364	5,1%	0%
			0,5	95492966	0,843	95492966	40,6%	281,7%
			0,5	381971863	0,521	381971863	63,3%	1526%
			2,5	763944	1,493	750057	5,1%	97%
			2,5	3055776	6,854	3055776	382,7	87,8%
(a est exprimé en mm, n_0 en nombre d'inclusions par m^3)								

Tableau 4.6: *Résultats d'optimisation portant sur deux paramètres d'entrée (données expérimentales)*

Les résultats obtenus sont similaires à ceux obtenus pour le crime inverse. Ils se montrent positifs lorsque le vecteur des paramètres initiaux contient la bonne valeur de densité volumique. Dans les autres cas, les résultats sont plus nuancés mais proposent pour certains vecteurs de paramètres initiaux des solutions très proches des valeurs expérimentales.

Les divergences observées pour le crime inverse et pour ces essais peuvent être dues à la présence de minima locaux ou globaux successifs qui restent à identifier. Toutefois, l'ensemble de ces résultats dégage une tendance très positive sur les possibilités d'inversion portant sur un des deux paramètres d'intérêt. Celle portant sur deux paramètres peut être envisagée. Une étude complète de la sensibilité des paramètres doit être menée afin de pouvoir juger du caractère "bien posé" du problème et de pouvoir valider le choix d'une méthode plutôt qu'une autre.

4.6. Conclusion

Nous avons mené, dans ce chapitre, les études théorique et expérimentale de la propagation de l'onde ultrasonore longitudinale dans les bétons. La première repose sur le modèle de Waterman-Truell dans lequel nous introduisons les caractéristiques du milieu par une matrice à base de ciment et des inclusions sphériques d'air ou de roche. La seconde étude est basée sur quatre séries d'éprouvettes qui proposent une approche incrémentale du niveau de complexité. La validation du modèle est étudiée et les solutions d'amélioration potentielles sont mises en évidence. Finalement une première approche du problème inverse est envisagée.

L'étude de l'influence de granularité sur la vitesse de phase et l'atténuation a mis en évidence l'augmentation de la vitesse avec le taux volumique d'inclusions rocheuses. L'accord qualitatif entre théorie et expérience est observé. Cependant, les comportements fréquentiels marqués dans les modélisations n'apparaissent pas dans les observations expérimentales. Ces divergences peuvent s'expliquer par les différences entre la géométrie utilisée dans les modélisations et celle des granulats réels. L'introduction de sphéroïdes dans le modèle doit apporter une première amélioration.

L'étude de l'endommagement a conduit à la validation du modèle sur la base des résultats en vitesse de phase pour le cas de l'endommagement simulé par des sphères de polystyrènes expansé. Les positions et formes associées à ce minimum dans les courbes de vitesse sont caractéristiques des paramètres d'endommagement dans le milieu. L'étude expérimentale de l'endommagement thermique montre des évolutions similaires de la vitesse de phase et de l'atténuation qui permettent d'envisager à terme une validation du modèle. Comme précédemment, l'introduction de sphéroïdes très aplatis ou de disques pour représenter les microfissures est à étudier.

Le cas de la mesure industrielle de l'endommagement thermique est traité. On a montré le bon accord entre la mesure de vitesse par chronométrie et celle de la vitesse de phase dont les évolutions avec l'endommagement sont significatives.

Nous avons terminé ce chapitre par une première approche très positive du problème inverse puisqu'elle a mis en évidence la faisabilité d'une étude complète dont les résultats serviraient dans bon nombre d'applications.

Conclusion

Au cours de cette thèse, nous nous sommes intéressés à la caractérisation non destructive de l'endommagement thermique de bétons. Le potentiel des méthodes acoustiques a été mis en évidence et la propagation des ondes ultrasonores dans le béton a fait l'objet d'une analyse bibliographique, théorique et expérimentale détaillée.

Dans une première partie, nous nous sommes attachés à dégager la problématique générale de la caractérisation du béton par ultrasons. Nous avons décrit la forte hétérogénéité de structure du matériau endommagé dans lequel les microfissures s'ajoutent aux granulats déjà présents. Il en résulte une grande difficulté dans la modélisation du comportement des ondes et un manque de précision dans les mesures que nous avons montrés à travers l'étude bibliographique. Le caractère dispersif et atténuant du matériau ainsi que l'importance de la diffusion multiple dans les phénomènes de propagation sont soulignés.

Nous avons mené, dans une seconde partie, l'étude théorique de la propagation des ondes ultrasonores cohérentes dans les milieux hétérogènes. La diffusion par un obstacle a été décrite par le formalisme de la T-Matrice qui permet de traiter plusieurs formes de diffuseur dont la sphère et le sphéroïde que nous avons retenus. Parmi les modèles dynamiques d'homogénéisation, nous avons dégagé ceux éventuellement applicables au cas du béton pour lesquels des extensions adaptées sont proposées. Les relations mathématiques entre les caractéristiques des milieux en présence et celles de l'onde longitudinale cohérente ont été présentées. Nous avons ainsi regroupé les différents outils utiles à la description de la propagation des ondes dans le béton et l'harmonisation des écritures réalisée améliore l'intégration des solutions d'affinage de la description du milieu.

Conclusion

Dans une troisième partie, nous avons répondu au besoin d'obtention des quantités expérimentales nécessaires à la validation du modèle. Nous avons montré comment les mesures de la vitesse de phase et d'atténuation des ondes longitudinales pouvaient être menées dans le béton sur une large bande fréquentielle adaptée. Un banc de mesure ultrasonore en immersion a été étudié et réalisé dans ce cadre là. Nous avons notamment travaillé sur la fiabilité de nos mesures par une étude des facteurs d'influence couplée à des mesures dans l'eau. Après avoir validé la justesse de notre banc, nous avons proposé un calcul d'incertitudes dont les résultats assurent la bonne qualité de nos mesures.

Dans une dernière partie, nous avons développé une démarche incrémentale du niveau de complexité dans la comparaison des résultats théoriques obtenus par le modèle de Waterman-Truell et de ceux expérimentaux. Les difficultés de prise en compte de la granularité exacte sont mises en évidence et la validation du modèle dans l'étude de l'endommagement simulé par des diffuseurs sphériques d'air est obtenue.

Sur des éprouvettes thermiquement endommagées, nous avons montré que les évolutions expérimentales étaient semblables à celles correspondant au cas de l'endommagement simulé. Ceci a permis de valider la démarche choisie et de dégager les solutions potentielles pour parvenir à la validation du modèle dans ces milieux microfissurés. A partir de cet exemple, nous établissons le lien empirique entre la mesure de vitesse de phase et celle obtenue par chronométrie qui est couramment utilisée dans le milieu industriel.

En parallèle, une première étude de l'inversion du problème a été proposée à partir des méthodes d'optimisation pour le cas des diffuseurs sphériques d'air. Nous avons alors montré la faisabilité d'une telle réalisation dont l'intérêt dans la caractérisation d'un milieu hétérogène est évident.

Finalement cette étude a permis d'avancer sur le chemin complexe qui relie la théorie à l'expérience dans le béton. Les résultats sont cohérents et l'apport positif d'un modèle d'homogénéisation intégrant la diffusion multiple doit être encore développé.

Sur le plan théorique, l'amélioration de la description des formes réelles des diffuseurs par le développement de calcul concernant les formes sphéroïdales serait certainement une source supplémentaire de convergence des résultats. Sur le plan expérimental, nous avons montré l'intérêt de pouvoir disposer d'échantillons solides étalonnés en vitesse de phase et atténuation dans l'étude de la validation d'une chaîne de mesure expérimentale.

Conclusion

Plus généralement, ces travaux ouvrent la voie de l'étude de ces mêmes modèles dans le cas des ondes transversales. Nous pourrons alors coupler ces résultats avec ceux des ondes longitudinales et parvenir à une évaluation des coefficients élastiques du matériau. L'étude des ondes de surface ou de Rayleigh doit être l'étape suivante vers la réponse au besoin récurrent de mesure *in situ* dans le béton.

Bibliographie

[Anu 01]   P. Anugonda, J.S. Wiehn, J.A. Turner.
            Diffusion of ultrasound in concrete, *Ultrasonics*, Vol. 39, 2001, pp. 429-435.

[Ber 91-1] Y. Berthaud.
            Damage measurements in concrete via an ultrasonic technique. Part I experiment,
            Cement and Concrete Research, Vol. 21, 1991, pp. 73-82.

[Ber 91-2] Y. Berthaud.
            Damage measurements in concrete via an ultrasonic technique. Part II modeling,
            Cement and Concrete Research, Vol. 21, 1991, pp. 219-228.

[Bou 96]   A. Boumiz, C. Vernet, F. Cohen Tenoudji.
            Mechanical properties of cement pastes and mortars at early ages, *Advanced Cement based Materials*, Vol. 3, 1996, pp. 94-106.

[Bri 87]   D. Brill, G. Gaunaurd.
            Resonance theory of elastic waves ultrasonically scattered from an elastic sphere,
            Journal of Acoustical Society of America, Vol. 81, 1987, pp. 1-21.

[Buc 02]   J. Buchanan, R. Gilbert, A. Wirgin, Y. Xu.
            Depth sounding: an illustration of some of pitfalls of inverse scattering problems,
            Mathematical and Computer Modelling, Vol. 35, 2002, pp. 1315-1354.

[Car 86]   N.J. Carino, M. Sansalone, N.N. Hsu.
            A Source-Point Receiver, Pulse-Echo Technique for flaw detection in concrete, *ACI Journal*, 1986, pp. 199-208.

[Cha 03]   J.F Chaix, V. Garnier, G. Corneloup.
            Concrete damage evolution analysis by backscattered ultrasonic waves, *NDT&E International*, 2003, Vol. 36, pp. 461-469.

[Chu 85]   H.W. Chung.
            Ultrasonic testing of concrete after exposure to high temperatures, *NDT International*, Vol. 18, No. 5, 1985, pp. 275-278.

Bibliographie

[Cor 95]   G. Corneloup, V. Garnier.
            Etude bibliographique sur le contrôle non destructif des bétons, *Contrat CEA-SERAM n° 33420*, 29 décembre 1995, 106 pages.   *(Rapport interne)*

[Cru 62]   O.R. Cruzan.
            Translational addition theorems for spherical vector wave functions, *Quart. J. Appl. Math.*, Vol. 20, No. 1, 1962, pp. 33-40.

[Del 72]   V.A. Del Grosso, C.W. Mader.
            Speed of sound in pure water, *Journal of the Acoustical Society of America*, Vol. 52, No. 5, 1972, pp. 1442-1446.

[Dre 95]   G. Dreux, J. Festa.
            Nouveau guide du béton, 7ème édition, Eyrolles, 1995, 317 pages.

[Eri 95]   A.S. Eriksson, A.Boström, S.K. Datta.
            Ultrasonic wave propagation through a cracked solid, *Wave motion*, Vol. 22, 1995, pp. 297-310.

[Fik 64]   J.G. Fikioris, P.C. Waterman.
            Multiple scattering of waves - II. Hole corrections in the scalar case, *Journal of Mathematical Physical*, Vol. 5, 1964, pp. 1413-1420.

[Fol 45]   L. Foldy.
            The multiple scattering of waves, *Physical Review*, Vol. 67, No. 3 & 4, 1945, pp. 107-119.

[Fra 95]   D. François, A. Pineau, A. Zaoui.
            Comportement mécanique des matériaux - Viscoplasticité, endommagement, mécanique de la rupture, mécanique du contact, Hermès, Paris, 1995, 494 pages.

[Fro 82]   J. Frohly, M. Gazalet, C. Bruneel, R. Torguet, J. Lefebvre.
            Critère d'exploitation des signaux ultrasonores en contrôle non destructif des milieux hétérogènes, *Journée Nationale du Cofrend - Paris -*, 1982, pp. 176-182.

[Fue 02]   J.V. Fuente, L. Vergara, J. Gosalbez, R. Miralles.
            Time-Frequency analysis of ultrasonic backscattering noise for non-destructive characterisation on cement pastes, *8th European Conference on Non Destructive Testing*, Barcelona, June 17-21, 2002.

[Gar 95]   V. Garnier, G. Corneloup, J.M. Sprauel, J.C. Perfumo.
            Setting time determination of roller compacted concrete by spectral analysis of transmitted ultrasonic signals, *NDT&E International*, Vol. 28, No. 1, 1995, pp. 15-22.

[Gar 00]   V. Garnier, G. Corneloup, E. Topani, M. Leygonie.
            Non destructive evaluation of concrete damage by ultrasounds, *15th World Conference on Non-Destructive Testing*, Rome, 2000.

155

Bibliographie

[Gau 89]   G.C. Gaunaurd, W. Wertman.
             Comparison of effective medium theories for inhomogeneous continua, *Journal of Acoustical Society of America*, Vol. 85, No. 2, 1989, pp. 541-554.

[Gay 92]   P.A. Gaydecki, F.M. Burdekin, W. Damaj, D.G. John, P.A. Payne.
             Propagation and attenuation of medium-frequency ultrasonic waves in concrete. A signal analytical, *Measurement Science & Technology*, Vol. 3, No. 1, 1992, pp. 126-134.

[Gra 96]   P.E. Grattan-Bellew.
             Micro-structural investigation of deteriorated Portland cement concretes, *Construction and Building Materials*, Vol. 10, No. 1, 1996, pp. 3-16.

[Gra 97]   XP P18-540.
             Norme expérimentale – Granulats-Définitions, conformité, spécifications, *Norme Française, Afnor*, Octobre 1997, 36 pages.

[Gro 92]   D. Gross, C. Zhang.
             Wave propagation in damaged solids, *International Journal of Solids Structures*, Vol. 29, No. 14&15, 1992, pp. 1763-1779.

[Gum 99]   NF ENV 13005.
             Norme fondamentale - Guide pour l'expression de l'incertitude de mesure, *Norme Française, Afnor*, Août 1999, 105 pages.

[Han 02]   S.K. Handoo, S. Agarwal, S.K. Agarwal.
             Physicochemical, mineralogical, and morphological characteristics of concrete exposed to elevated temperatures, *Cement and Concrete Research*, Vol. 32, 2002, pp. 1009-1018.

[Has 01]   L. Hasni.
             Etude de la minéralogie et de la microstructure d'un béton soumis à des temperatures élevées, *CEBTP, EDF-SQR-TEGG, EDF-CEMETE*, Dossier R 172-6-196, janvier 2002, 60 pages.   *(Rapport interne)*

[He 01]   P. He, J. Zheng.
             Acoustic dispersion and attenuation measurement using both transmitted and reflected pulses, *Ultrasonics*, Vol. 39, 2001, pp. 27-32.

[Idi 01]   J. Idier.
             Approche bayesienne pour les problèmes inverses, Hermes Science, Paris, 2001, 367 pages.

[Ish 78]   A. Ishimaru.
             Wave propagation and scattering in random media, Vol. 1&2, Academic Press, New York, 1978, 572 pages.

[Jay 96]   Y. Jayet, N. Saint-Pierre, J. Tatibouët, D. Zellouf.
             Monitoring the hydrolytic degradation of composites by a piezoelectric method, *Ultrasonics*, Vol. 34, 1996, pp. 397-400.

[Kin 82]   K.V. Kinra, A. Arnaud.
            Wave propagation in a random particulate composite at long and short wavelengths,
            International Journal of Solids Structures, Vol. 18, 1982, pp. 367-380.

[Koe 98]   B. Koehler, G. Hentges, W. Mueller.
            Improvement of ultrasonic testing of concrete by combining signal conditioning
            methods, scanning laser vibrometer and space averaging techniques, *NDT&E
            International*, Vol. 31, No. 4, 1998, pp. 281-287.

[Kra 01]   M. Krause, F. Mielentz, B. Milman, W. Müller, V. Schmitz, H. Wiggenhauser.
            Ultrasonic imaging of concrete members using an array system, *NDT&E
            International*, Vol. 34, 2001, pp. 403-408.

[Kri 82]   G. Kristensson, P.C. Waterman.
            The T-Matrix for acoustic and electromagnetic scattering by circular disks, *Journal of
            the Acoustical Society of America*, Vol. 72, No. 5, 1982, pp. 1612-1625.

[Lax 51]   M. Lax.
            Multiple scattering of waves, *Review of Modern Physics*, Vol. 23, No. 4, 1951, pp.
            287-310.

[Lax 52]   M. Lax.
            Multiple scattering of waves - II. The effective field in dense systems, *Physical
            Review*, Vol. 85, 1952, pp. 621-629.

[Lee 99]   J.H. Lee, W.S. Park.
            Application of one-side stress wave velocity measurement technique to evaluate
            freeze-thaw damage, *Review of Progress in Quantitative Non Destructive Evaluation*,
            Vol. 18, Plenum Press, New York, 1999, pp. 1935-1942.

[Les 95]   W. Leschnik and al.
            A microwave moisture sensor for building components, *International Symposium Non
            Destructive Testing in Civil Engineering (NDT-CE)*, Berlin, 1995, pp. 613-620.

[Lia 01]   M.T. Liang, P.J. Su.
            Detection of the corrosion damage of rebar in concrete using impact-echo method,
            Cement and Concrete Research, Vol. 31, 2001, pp. 1427-1436.

[Lin 91]   Y. Lin, M. Sansalone, N.J. Carino.
            Impact-Echo response of concrete shafts, *Geotechnical testing Journal*, Vol. 14, No.
            2, 1991, pp. 121-137.

[Luo 00]   X. Luo, W. Sun, S.Y.N. Chan.
            Effect of heating and cooling regimes on residual strength and microstructure of
            normal strength and high-performance concrete, *Cement and Concrete Research*, Vol.
            30, 2000, pp. 379-383.

Bibliographie

[Ma 84]   Y. Ma, V.V. Varadan, V.K. Varadan.
               Multiple scattering theory for wave propagation in discrete random media,
               International Journal of Engineering Science, Vol. 22, No. 8-10, 1984, pp. 1139-
               1148.

[Man 95]   M. Mangold, M. Friedlann, B. Rammelkamp.
               Infrared thermography to localise anchors in three-layers outside walls, *International
               Symposium Non Destructive Testing in Civil Engineering (NDT-CE)*, Berlin, 1995, pp.
               353-360.

[Mar 63]   D. Marquardt.
               An algorithm for least-square estimation of non linear parameters, *SIAM J. Appl.
               Math.*, Vol. 11, 1963, pp. 431-441.

[Mas 95]   K. Maser and al.
               Evaluation of pavement thickness using ground penetrating radar, International
               Symposium Non Destructive Testing in Civil Engineering (NDT-CE), Berlin, 1995, pp.
               655-662.

[Mcc 92]   D.J. Mc Clements.
               Comparison of multiple scattering theories with experimental measurements in
               emulsions, *Journal of Acoustical Society of America*, Vol. 91, 1992, pp. 849-853.

[Mcc 01]   D.M. Mc Cann, M.C. Forde.
               Review of NDT methods in the assessment of concrete and masonry structures,
               NDT&E International, Vol. 34, 2001, pp. 71-84.

[Mor 77]   J.J. Moré.
               The Levenberg-Marquardt algorithm: implementation and theory, *Numerical analysis*,
               ed. G.A. Watson, Lecture Notes in Mathematics 630, Springer-Verlag, 1977, pp. 105-
               116.

[Mou 02]   G. Mounajed.
               Concept, homogénéisation du comportement thermomécanique des BHP et simulation
               de l'endommagement thermique, *Cahier du CSTB*, No. 3421, CSTB, Paris, 2002, 29
               pages.

[Nea 98]   NEA/CSNI/R(98)6.
               Development priorities for non-destructive examination of concrete structures in
               nuclear plant, *Nuclear Energy Agency, Organisation for Economic Co-operation and
               Development*, 2 novembre1998, 62 pages.

[Nec 02]   W. Nechnech, F. Meftah, J.M. Reynouard.
               An elasto-plastic damage model for plain concrete subjected to high temperatures,
               Engineering Structures, Vol. 24, 2002, pp. 597-611.

[Ohd 00]   E. Ohdaira, N. Masuzawa.
               Water content and its effect on ultrasound propagation in concrete - the possibility of
               NDE, *Ultrasonics*, Vol. 38, 2000, pp. 546-552.

Bibliographie

[Oht 98]   M. Ohtsu, M. Shigeishi, Y. Sakata.
Non-destructive evaluation of defects in concrete by quantitative acoustic emission and ultrasonics, *Ultrasonics*, Vol. 36, 1998, pp. 187-195.

[Oul 02]   S.Ould Naffa, M. Goueygou, B. Piwakowski, F. Buyle-Bodin.
Detection of chemical damage in concrete using ultrasound, *Ultrasonics*, Vol. 40, 2002, pp. 247-251.

[Pet 99]   F. Peters.
Propagation d'ondes ultrasonores dans des suspensions macroscopiques, Université de Nice - Sophia Antipolis, Thèse de Doctorat, 1999, 152 pages.

[Phi 02]   T.P. Philippidis, D.G. Aggelis.
An acousto-ultrasonic approach for the determination of water-to-cement ratio in concrete, *Cement and Concrete Research*, Vol. 33, 2002, pp. 525-538.

[Pic 89]   C. Pichot, P. Trouillet.
Application de l'imagerie micro-onde à la cartographie des aciers dans le béton armé, *Bulletin de Liaison des Laboratoires des ponts et Chaussées*, No. 162, 1989, pp. 69-76.

[Pop 91]   S. Popovics, J.S. Popovics.
Effect of stresses on the ultrasonic pulse velocity in concrete, *Materials and Structures*, Vol. 24, 1991, pp. 15-23.

[Pop 94]   J.S. Popovics, J. L. Rose.
Survey of developments in ultrasonic NDE of concrete, *IEEE Transactions on Ultrasonics, Ferroelectrics and Frequency Control*, Vol. 41, No. 1, 1994, pp. 140-143.

[Pop 98]   J.S. Popovic, W.J. Song, J.D. Achenbach.
A study of surface wave attenuation measurement for application to pavement characterization, *SPIE proceedings series, Structural Materials Technology III: San Antonio TX*, Vol. 3400, 1998, pp. 300-308.

[Pou 94]   M.F. Poujol-Pfefer.
Etude de la propagation acoustique dans un milieu inhomogène, application à la caractérisation des fonds sous-marin, Université d'Aix-Marseille II, Thèse de Doctorat, 1994, 160 pages.

[Ref 92]   T.M. Refai, M.K. Lim.
Review of NPP concrete degradation factors and assessment methods, *Non Destructive Testing of Concrete Elements and Structure, Proceedings of "Structures Congress"*, San-Antonio, Texas, 1992, pp. 182-193.

[Rin 01]   E. Ringot, A. Bascoul.
About the analysis of microcracking in concrete, *Cement and Concrete Composites*, Vol. 23, 2001, pp. 261-266.

Bibliographie

[Ros 86]   M. Rossi.
               Electro-acoustique, Presses polytechniques romandes, Dunod, 1986, 561 pages.

[Saa 96]   M. Saad, S.A. Abo-El-Eneim, G.B. Hanna, M.F. Kotkata.
               Effect of silica fume on the phase composition and microstructure of thermally treated
               concrete, *Cement and Concrete Research*, Vol. 26, No. 10, 1996, pp. 1479-1484.

[San 88]   J. Saniie, T. Wang, N.M. Bilgutay.
               Statistical evaluation of backscattered ultrasonic grain signals, *Journal of Acoustical
               Society of America*, Vol. 84, No. 1, 1988, pp. 400-408.

[Sch 98]   F.S. Schubert, B. Koehler.
               Numerical modeling of elastic wave propagation in random particulate composites,
               Nondestructive Characterization of Material VIII, Plenum Press, New York, 1998, pp.
               567-575.

[Sel 98]   S.F. Selleck, E. Landis, M.L. Peterson, S.P. Shah, J.D. Achenbach.
               Ultrasonic investigation of concrete with distributed damage, *ACI Materials Journal*,
               Vol. 95, No. 1, 1998, pp. 27-36.

[Sor 89]   D. Sornette.
               Acoustic waves in random media, I. Weak disorder regime, *Acustica*, Vol. 67, 1989,
               pp. 199-215.

[Sto 95]   H. Stopp and al.
               Use of thermal measurement methods within moist building materials, *International
               Symposium Non Destructive Testing in Civil Engineering (NDT-CE)*, Berlin, 1995, pp.
               365-374.

[Tho 83-1]   R.B. Thompson, T.A. Gray.
               A model relating ultrasonic scattering measurements through liquid-solid interfaces to
               unbounded medium scattering amplitudes, *Journal of the Acoustical Society of
               America*, Vol. 74, No. 4, 1983, pp. 1279-1290.

[Tho 83-2]   R.B. Thompson, T.A. Gray.
               Analytic diffraction correction to ultrasonic scattering measurements, *Review of
               Progress in Quantitative Nondestructive Evaluation*, Vol. 2A, Plenum Press, New
               York, 1983, pp. 567-586.

[Tho 93]   G.H. Thomas, S.E. Benson, N.K. Del Grande, J.J. Haskins, D.J. Schneberk.
               Emerging technologies for nondestructive evaluation of bridges and highways,
               American Society of Mechanical Engineers, New Orleans, LA (United States),
               1993,14 pages.

[Tou 99]   A. Tourin.
               Diffusion multiple et renversement du temps des ondes ultrasonores, Université de
               Paris VII, Thèse de Doctorat, 1999, 172 pages.

[Tsa 81]   L. Tsang, J.A. Kong.
             Multiple scattering of acoustic waves by a random distributions of discrete scatterers
             with the use of Quasicrystalline-Coherent Potential approximation, *Journal of Applied
             Physics*, Vol. 52, No. 9, 1981, pp. 5448-5458.

[Tsa 82]   L. Tsang, J.A. Kong, T. Habashy.
             Multiple scattering of acoustic waves by random distribution of discrete spherical
             scatterers with the Quasicrystalline and Percus-Yevick approximation, *Journal of
             Acoustical Society of America*, Vol. 71, 1982, pp. 552-558.

[Twe 63]   V. Twersky.
             On propagation in random media of discrete scatterers, *Symposium on Stochastic
             processus in Mathematics Physics and Engineering*, 1963, pp. 84-116.

[Uri 49]   R.J. Urick, W.S. Ament.
             The propagation of sound in composite media, *The Journal of Acoustical Society of
             America*, Vol. 21, No. 2, 1949, pp. 115-119.

[Van 98]   A. Van Hauwaert, J.F. Thimus, F. Delannay.
             Use of ultrasonics to follow crack growth, *Ultrasonics*, Vol. 36, 1998, pp. 209-217.

[Van 00]   F. Vander Meulen.
             *Application des théories de diffusion multiple à la caractérisation ultrasonore des
             milieux biphasiques*, Université François Rabelais de Tours, Thèse de Doctorat, 2000,
             151 pages.

[Var 76]   V. Varatharajulu, Y.H. Pao.
             Scattering matrix for elastic waves - I. Theory, *Journal of Acoustical Society of
             America*, Vol. 60, 1976, pp. 556-566.

[Var 79]   V.V. Varadan, V.K. Varadan.
             Scattering matrix for elastic waves - III. Application to spheroids, *Journal of
             Acoustical Society of America*, Vol. 65, 1979, pp. 896-905.

[Var 85]   V.K. Varadan, Y. Ma, V.V. Varadan.
             A multiple scattering theory for elastic wave propagation in discrete random media,
             Journal of the Acoustical Society of America, Vol. 77, No. 2, 1985, pp. 375-385.

[Ver 01]   L. Vergara, R. Miralles, J. Gosalbez, F.J. Juanes, L.G. Ullate, J.J. Anaya, M.G.
             Hernandez, M.A.G. Izquierdo.
             NDE ultrasonic methods to characterise the porosity of mortar, *NDT&E International*,
             Vol. 34, 2001, pp. 557-562.

[Vyd 01]   V. Vydra, F. Vodak, O. Kapickova, S. Hoskova.
             Effect of temperature on porosity of concrete for nuclear-safety structures, *Cement
             and Concrete Research*, Vol. 31, 2001, pp. 1023-1026.

[Wan 92]   Z. Wang, A. Nur.
             *Seismic and acoustic velocities in reservoir rocks - Volume 2, theoretical and model
             studies*, Geophysics reprint series, 1992, 457 pages.

Bibliographie

[Wat 61]   P.C. Waterman, R. Truell.
              Multiple scattering of waves, *Journal of Mathematical Physics*, Vol. 2, No. 4, 1961,
              pp. 512-537.

[Wat 76]   P.C. Waterman.
              Matrix theory of elastic wave scattering, *Journal of the Acoustical Society of America*,
              Vol. 60, No. 3, 1976, pp. 567-580.

[Wil 80]   J.R. Willis.
              A polarization approach to the scattering of elastic waves - II. Multiple scattering
              from inclusions, *J. Mech. Phys. Solids*, Vol. 28, 1980, pp. 307-327.

[Zha 93-1]   C. Zhang, D. Gross.
              Wave attenuation and dispersion in randomly cracked solids - I. Slit cracks,
              International Journal of Engineering Science, Vol. 31, 1993, pp. 841-858.

[Zha 93-2]   C. Zhang, D. Gross.
              Wave attenuation and dispersion in randomly cracked solids - II. Penny-shaped
              cracks, *International Journal of Engineering Science*, Vol. 31, 1993, pp. 859-872.

Annexe 1

Coefficients de la matrice $\overline{\overline{Q}}$

Les coefficients de la matrice Q sont calculés pour le cas général l'inclusion élastique dans un milieu élastique et le cas de la cavité dans un milieu élastique.

Cas de l'inclusion élastique dans une matrice élastique

$$
\left(Q^{11}_{\text{él}}\right)^{\sigma v}_{nmpq} = \frac{k_{t1}}{\left(\rho_1.\omega\right)^2} \cdot \int_{S'} \left\{ \text{Re}\, g\left[\overrightarrow{\varphi^{2v}_{pq}}(\vec{r}')\right].\vec{n}.\left[\lambda_1.\overline{\overline{I}}.\vec{\nabla}.\overrightarrow{\varphi^{1\sigma}_{nm}}(\vec{r}') + \mu_1.\left(\overline{\overline{\nabla}}\left(\overrightarrow{\varphi^{1\sigma}_{nm}}(\vec{r}')\right) + \overline{\overline{\nabla}}^{t}\left(\overrightarrow{\varphi^{1\sigma}_{nm}}(\vec{r}')\right)\right)\right] \right.
$$
$$
\left. - \vec{n}.\left[\lambda_2.\overline{\overline{I}}.\vec{\nabla}.\text{Re}\, g\left[\overrightarrow{\varphi^{2v}_{pq}}(\vec{r}')\right] + \mu_2.\left(\overline{\overline{\nabla}}\left(\text{Re}\, g\left[\overrightarrow{\varphi^{2v}_{pq}}(\vec{r}')\right]\right) + \overline{\overline{\nabla}}^{t}\left(\text{Re}\, g\left[\overrightarrow{\varphi^{2v}_{pq}}(\vec{r}')\right]\right)\right)\right].\overrightarrow{\varphi^{1\sigma}_{nm}}(\vec{r}')\right\}.dS'
$$

(A1.1)

$$
\left(Q^{12}_{\text{él}}\right)^{\sigma v}_{nmlq} = \frac{k_{t1}}{\left(\rho_1.\omega\right)^2} \cdot \int_{S'} \left\{ \text{Re}\, g\left[\overrightarrow{\psi^{2v}_{pq}}(\vec{r}')\right].\vec{n}.\left[\lambda_1.\overline{\overline{I}}.\vec{\nabla}.\overrightarrow{\varphi^{1\sigma}_{nm}}(\vec{r}') + \mu_1.\left(\overline{\overline{\nabla}}\left(\overrightarrow{\varphi^{1\sigma}_{nm}}(\vec{r}')\right) + \overline{\overline{\nabla}}^{t}\left(\overrightarrow{\varphi^{1\sigma}_{nm}}(\vec{r}')\right)\right)\right] \right.
$$
$$
\left. - \vec{n}.\mu_2.\left(\overline{\overline{\nabla}}\left(\text{Re}\, g\left[\overrightarrow{\psi^{2v}_{pq}}(\vec{r}')\right]\right) + \overline{\overline{\nabla}}^{t}\left(\text{Re}\, g\left[\overrightarrow{\psi^{2v}_{pq}}(\vec{r}')\right]\right)\right).\overrightarrow{\varphi^{1\sigma}_{nm}}(\vec{r}')\right\}.dS'
$$

(A1.2)

et $\left(Q^{13}_{\text{él}}\right)^{\sigma v}_{nmpq}$ est obtenu en remplaçant $\overrightarrow{\psi^{2v}_{pq}}(\vec{r}')$, dans (A1.2), par $\overrightarrow{\chi^{2v}_{pq}}(\vec{r}')$.

$$\left(Q_{\text{él}}^{21}\right)_{nmpq}^{\sigma v} = \frac{k_{t1}}{\left(\rho_1.\omega\right)^2} \cdot \int\limits_{S'} \left\{ \text{Re}\, g\left[\overrightarrow{\varphi_{pq}^{2v}}(\vec{r}')\right].\vec{n}.\mu_1.\left(\overline{\overline{\nabla}}\left(\overrightarrow{\psi_{nm}^{1\sigma}}(\vec{r}')\right) + \overline{\overline{\nabla}}^t\left(\overrightarrow{\psi_{nm}^{1\sigma}}(\vec{r}')\right)\right) \right.$$

$$\left. -\vec{n}.\left[\lambda_2.\overline{\overline{I}}.\vec{\nabla}.\,\text{Re}\, g\left[\overrightarrow{\varphi_{pq}^{2v}}(\vec{r}')\right] + \mu_2.\left(\overline{\overline{\nabla}}\left(\text{Re}\, g\left[\overrightarrow{\varphi_{pq}^{2v}}(\vec{r}')\right]\right) + \overline{\overline{\nabla}}^t\left(\text{Re}\, g\left[\overrightarrow{\varphi_{pq}^{2v}}(\vec{r}')\right]\right)\right)\right].\overrightarrow{\psi_{nm}^{1\sigma}}(\vec{r}') \right\}.dS'$$

$$(A1.3)$$

$$\left(Q_{\text{él}}^{22}\right)_{nmpq}^{\sigma v} = \frac{k_{t1}}{\left(\rho_1.\omega\right)^2} \cdot \int\limits_{S'} \left\{ \text{Re}\, g\left[\overrightarrow{\psi_{pq}^{2v}}(\vec{r}')\right].\vec{n}.\mu_1.\left(\overline{\overline{\nabla}}\left(\overrightarrow{\psi_{nm}^{1\sigma}}(\vec{r}')\right) + \overline{\overline{\nabla}}^t\left(\overrightarrow{\psi_{nm}^{1\sigma}}(\vec{r}')\right)\right) \right.$$

$$\left. -\vec{n}.\mu_2.\left(\overline{\overline{\nabla}}\left(\text{Re}\, g\left[\overrightarrow{\psi_{pq}^{2v}}(\vec{r}')\right]\right) + \overline{\overline{\nabla}}^t\left(\text{Re}\, g\left[\overrightarrow{\psi_{pq}^{2v}}(\vec{r}')\right]\right)\right).\overrightarrow{\psi_{nm}^{1\sigma}}(\vec{r}') \right\}.dS'$$

$$(A1.4)$$

et $\left(Q_{\text{él}}^{23}\right)_{nmpq}^{\sigma v}$ est obtenu en remplaçant $\overrightarrow{\psi_{pq}^{2v}}\,(\vec{r}')$, dans (A1.4), par $\overrightarrow{\chi_{pq}^{2v}}\,(\vec{r}')$.

$$\left(Q_{\text{él}}^{31}\right)_{nmpq}^{\sigma v} = \frac{k_{t1}}{\left(\rho_1.\omega\right)^2} \cdot \int\limits_{S'} \left\{ \text{Re}\, g\left[\overrightarrow{\varphi_{pq}^{2v}}(\vec{r}')\right].\vec{n}.\mu_1.\left(\overline{\overline{\nabla}}\left(\overrightarrow{\chi_{nm}^{1\sigma}}(\vec{r}')\right) + \overline{\overline{\nabla}}^t\left(\overrightarrow{\chi_{nm}^{1\sigma}}(\vec{r}')\right)\right) \right.$$

$$\left. -\vec{n}.\left[\lambda_2.\overline{\overline{I}}.\vec{\nabla}.\,\text{Re}\, g\left[\overrightarrow{\varphi_{pq}^{2v}}(\vec{r}')\right] + \mu_2.\left(\overline{\overline{\nabla}}\left(\text{Re}\, g\left[\overrightarrow{\varphi_{pq}^{2v}}(\vec{r}')\right]\right) + \overline{\overline{\nabla}}^t\left(\text{Re}\, g\left[\overrightarrow{\varphi_{pq}^{2v}}(\vec{r}')\right]\right)\right)\right].\overrightarrow{\chi_{nm}^{1\sigma}}(\vec{r}') \right\}.dS'$$

$$(A1.5)$$

$$\left(Q_{\text{él}}^{32}\right)_{nmpq}^{\sigma v} = \frac{k_{t1}}{\left(\rho_1.\omega\right)^2} \cdot \int\limits_{S'} \left\{ \text{Re}\, g\left[\overrightarrow{\psi_{pq}^{2v}}(\vec{r}')\right].\vec{n}.\mu_1.\left(\overline{\overline{\nabla}}\left(\overrightarrow{\chi_{nm}^{1\sigma}}(\vec{r}')\right) + \overline{\overline{\nabla}}^t\left(\overrightarrow{\chi_{nm}^{1\sigma}}(\vec{r}')\right)\right) \right.$$

$$\left. -\vec{n}.\mu_2.\left(\overline{\overline{\nabla}}\left(\text{Re}\, g\left[\overrightarrow{\psi_{pq}^{2v}}(\vec{r}')\right]\right) + \overline{\overline{\nabla}}^t\left(\text{Re}\, g\left[\overrightarrow{\psi_{pq}^{2v}}(\vec{r}')\right]\right)\right).\overrightarrow{\chi_{nm}^{1\sigma}}(\vec{r}') \right\}.dS'$$

$$(A1.6)$$

et $\left(Q_{\text{él}}^{33}\right)_{nmpq}^{\sigma v}$ est obtenu en remplaçant $\overrightarrow{\psi_{pq}^{2v}}(\vec{r}')$, dans (A1.6), par $\overrightarrow{\chi_{pq}^{2v}}(\vec{r}')$.

Cas de la cavité dans une matrice élastique

$$\left(Q_{ca}^{11}\right)_{nmpq}^{\sigma v} = \frac{k_{t1}}{\left(\rho_1.\omega\right)^2}.\int_{S'}\left\{Re\,g\left[\overrightarrow{\varphi_{pq}^{1v}}(\vec{r}')\right].\vec{n}.\left[\lambda_1.\overline{\overline{I}}.\vec{\nabla}.\overrightarrow{\varphi_{nm}^{1\sigma}}(\vec{r}') + \mu_1.\left(\overline{\overline{\nabla}}\left(\overrightarrow{\varphi_{nm}^{1\sigma}}(\vec{r}')\right) + \overline{\overline{\nabla}}^t\left(\overrightarrow{\varphi_{nm}^{1\sigma}}(\vec{r}')\right)\right)\right]\right\}.dS'$$

$$(A1.7)$$

$\left(Q_{ca}^{12}\right)_{nmpq}^{\sigma v}$ et $\left(Q_{ca}^{13}\right)_{nmpq}^{\sigma v}$ s'obtiennent en remplaçant respectivement $\overrightarrow{\varphi_{pq}^{1v}}$ $(\vec{r}')$, dans (A1.7),

par $\overrightarrow{\psi_{pq}^{1v}}$ $(\vec{r}')$ et par $\overrightarrow{\chi_{pq}^{1v}}$ $(\vec{r}')$.

$$\left(Q_{ca}^{21}\right)_{nmpq}^{\sigma v} = \frac{k_{t1}}{\left(\rho_1.\omega\right)^2}.\mu_1.\int_{S'}\left\{Re\,g\left[\overrightarrow{\varphi_{pq}^{1v}}(\vec{r}')\right].\vec{n}.\left(\overline{\overline{\nabla}}\left(\overrightarrow{\psi_{nm}^{1\sigma}}(\vec{r}')\right) + \overline{\overline{\nabla}}^t\left(\overrightarrow{\psi_{nm}^{1\sigma}}(\vec{r}')\right)\right)\right\}.dS' \qquad (A1.8)$$

$\left(Q_{ca}^{22}\right)_{nmpq}^{\sigma v}$ et $\left(Q_{ca}^{23}\right)_{nmpq}^{\sigma v}$ s'obtiennent en remplaçant respectivement $\overrightarrow{\varphi_{pq}^{1v}}$ $(\vec{r}')$, dans (A1.8),

par $\overrightarrow{\psi_{pq}^{1v}}$ $(\vec{r}')$ et par $\overrightarrow{\chi_{pq}^{1v}}$ $(\vec{r}')$.

$$\left(Q_{ca}^{31}\right)_{nmpq}^{\sigma v} = \frac{k_{t1}}{\left(\rho_1.\omega\right)^2}.\mu_1.\int_{S'}\left\{Re\,g\left[\overrightarrow{\varphi_{pq}^{1v}}(\vec{r}')\right].\vec{n}.\left(\overline{\overline{\nabla}}\left(\overrightarrow{\chi_{nm}^{1\sigma}}(\vec{r}')\right) + \overline{\overline{\nabla}}^t\left(\overrightarrow{\chi_{nm}^{1\sigma}}(\vec{r}')\right)\right)\right\}.dS' \qquad (A1.9)$$

$\left(Q_{ca}^{32}\right)_{nmpq}^{\sigma v}$ et $\left(Q_{ca}^{33}\right)_{nmpq}^{\sigma v}$ s'obtiennent en remplaçant respectivement $\overrightarrow{\varphi_{pq}^{1v}}$ $(\vec{r}')$, dans (A1.9),

par $\overrightarrow{\psi_{pq}^{1v}}$ $(\vec{r}')$ et par $\overrightarrow{\chi_{pq}^{1v}}$ $(\vec{r}')$.

Annexe 2

Coefficients de la T-Matrice pour le cas de la sphère

Les symétries de la sphère permettent des simplifications d'écriture de la diffusion par cet obstacle. Nous traitons les cas d'une onde plane longitudinale incidente se propageant dans un milieu élastique et diffusée par une sphère élastique ou par une cavité sphérique. L'ensemble des cas possibles est traité par Brill et Gaunaurd ([Bri 87]).

Cas de la sphère élastique dans une matrice élastique

$$\left(T^{11}\right)^{11}_{n0n0} = -\frac{\Delta_{Re[1]234}}{\Delta_{1234}} \tag{A2.1}$$

$$\left(T^{31}\right)^{11}_{n0n0} = -(n.(n+1))^{1/2}.\left(\frac{k_{\ell 1}}{k_{t1}}\right)^{1/2}.\frac{\Delta_{1Re[1]34}}{\Delta_{1234}} \tag{A2.2}$$

$\Delta_{Re[1]234}$, Δ_{1234} et $\Delta_{1Re[1]34}$ sont des déterminants 4×4 dépendant du rayon de la sphère, des nombres d'ondes longitudinaux et transversaux dans la matrice et la sphère, des fonctions de Bessel et Hankel et de leurs dérivées.

Les déterminants sont définis par:

$$\Delta_{1234} = \begin{vmatrix} d_{11} & d_{12} & d_{13} & d_{14} \\ d_{21} & d_{22} & d_{23} & d_{24} \\ d_{31} & d_{32} & d_{33} & d_{34} \\ d_{41} & d_{42} & d_{43} & d_{44} \end{vmatrix}$$

(A2.3)

$$\Delta_{Re[1]234} = \begin{vmatrix} Re[d_{11}] & d_{12} & d_{13} & d_{14} \\ Re[d_{21}] & d_{22} & d_{23} & d_{24} \\ Re[d_{31}] & d_{32} & d_{33} & d_{34} \\ Re[d_{41}] & d_{42} & d_{43} & d_{44} \end{vmatrix}$$

(A2.4)

où Re[...] correspond à la partie réelle.

$$\Delta_{1Re[1]34} = \begin{vmatrix} d_{11} & Re[d_{11}] & d_{13} & d_{14} \\ d_{21} & Re[d_{21}] & d_{23} & d_{24} \\ d_{31} & Re[d_{31}] & d_{33} & d_{34} \\ d_{41} & Re[d_{41}] & d_{43} & d_{44} \end{vmatrix}$$

(A2.5)

Les éléments d_{ij} sont communs aux différents cas possibles et sont définis à la fin de cette annexe.

<u>Cas de la cavité sphérique dans une matrice élastique</u>

Pour la cavité sphérique dans un milieu élastique, nous obtenons:

$$\left(T^{11}\right)^{11}_{n0n0} = -\frac{\Delta_{Re[1]2}}{\Delta_{12}}$$

(A2.6)

$$\left(T^{31}\right)^{11}_{n0n0} = -(n.(n+1))^{1/2} \cdot \left(\frac{k_{\ell1}}{k_{t1}}\right)^{1/2} \cdot \frac{\Delta_{1Re[1]}}{\Delta_{12}}$$

(A2.7)

De manière identique, $\Delta_{Re[1]2}$, Δ_{12} et $\Delta_{1Re[1]}$ sont des déterminants 2×2 dépendant du rayon de la sphère, des nombres d'ondes longitudinale et transversales dans la matrice, des fonctions de Bessel et Hankel et de leurs dérivées.

Les déterminants sont définis par:

$$\Delta_{12} = \begin{vmatrix} d_{31} & d_{32} \\ d_{41} & d_{42} \end{vmatrix} \tag{A2.8}$$

$$\Delta_{Re[1]2} = \begin{vmatrix} Re[d_{31}] & d_{32} \\ Re[d_{41}] & d_{42} \end{vmatrix} \tag{A2.9}$$

$$\Delta_{1Re[1]} = \begin{vmatrix} d_{31} & Re[d_{31}] \\ d_{41} & Re[d_{41}] \end{vmatrix} \tag{A2.10}$$

Eléments d_{ij} des différents déterminants

Les éléments d_{ij} résultent du calcul des coefficients de la T-Matrice. Ils utilisent les fonctions de Hankel et Bessel sphériques (h_n et j_n) et leurs dérivées que nous noterons par un ' (h'_n et j'_n).

Pour simplifier l'écriture nous posons:

$$\begin{cases} x_{\ell i} = k_{\ell i}.a \\ x_{ti} = k_{ti}.a \end{cases} \qquad i = 1, 2 \tag{A2.7}$$

où a est le rayon de la sphère et $k_{\ell i}$, k_{ti} sont les nombres d'ondes longitudinale et transversales dans la matrice ① et la sphère ②.

$$d_{11} = x_{\ell 1}.h_n'\left(x_{\ell 1}\right) \tag{A2.11}$$

$$d_{21} = h_n\left(x_{\ell 1}\right) \tag{A2.12}$$

$$d_{31} = \left[2.n.(n+1) - x_{t1}^2\right].h_n\left(x_{\ell 1}\right) - 4.x_{\ell 1}.h_n'\left(x_{\ell 1}\right) \tag{A2.13}$$

$$d_{41} = x_{\ell 1}.h_n'\left(x_{\ell 1}\right) - h_n\left(x_{\ell 1}\right) \tag{A2.14}$$

$$d_{12} = n.(n+1).h_n\left(x_{t1}\right) \tag{A2.15}$$

$$d_{22} = x_{t1}.h_n'\left(x_{t1}\right) + h_n\left(x_{t1}\right) \tag{A2.16}$$

$$d_{32} = 2.n.(n+1).\left[x_{t1}.h_n'\left(x_{t1}\right) - h_n\left(x_{t1}\right)\right] \tag{A2.17}$$

$$d_{42} = \left[n.(n+1) - \frac{1}{2}.x_{t1}^2 - 1\right].h_n\left(x_{t1}\right) - x_{t1}.h_n'\left(x_{t1}\right) \tag{A2.18}$$

$$d_{13} = -x_{\ell 2}.j_n'\left(x_{\ell 2}\right) \tag{A2.19}$$

$$d_{23} = -j_n\left(x_{\ell 2}\right) \tag{A2.20}$$

$$d_{33} = -\frac{\rho_2}{\rho_1}.\left(\frac{x_{t1}}{x_{t2}}\right)^2.\left\{\left[2.n.(n+1) - x_{t2}^2\right]j_n\left(x_{\ell 2}\right) - 4.x_{\ell 2}.j_n'\left(x_{\ell 2}\right)\right\} \tag{A2.21}$$

$$d_{43} = -\frac{\rho_2}{\rho_1}.\left(\frac{x_{t1}}{x_{t2}}\right)^2.\left[x_{\ell 2}.j_n'\left(x_{\ell 2}\right) - j_n\left(x_{\ell 2}\right)\right] \tag{A2.22}$$

$$d_{14} = -n.(n+1).j_n\left(x_{t2}\right) \tag{A2.23}$$

$$d_{24} = -x_{t2}.j_n'\left(x_{t1}\right) - j_n\left(x_{t2}\right) \tag{A2.24}$$

$$d_{34} = -2.n.(n+1).\frac{\rho_2}{\rho_1}.\left(\frac{x_{t1}}{x_{t2}}\right)^2.\left[x_{t2}.j_n'\left(x_{t2}\right) - j_n\left(x_{t2}\right)\right] \tag{A2.25}$$

$$d_{44} = -\frac{\rho_2}{\rho_1}.\left(\frac{x_{t1}}{x_{t2}}\right)^2.\left\{\left[n.(n+1) - \frac{1}{2}.x_{t2}^2 - 1\right].j_n\left(x_{t2}\right) - x_{t2}.j_n'\left(x_{t2}\right)\right\} \tag{A2.26}$$

où ρ_1, ρ_2 sont les masses volumiques des milieux en présence.

Calcul des incertitudes-types sur les distances, épaisseurs et coefficients de transmission en amplitude

Nous présentons, dans cette annexe, les calculs des différentes incertitudes-types associées aux mesures intervenant dans l'évaluation des vitesses de phase et de l'atténuation. Ces calculs se font en accord avec la méthode mesure utilisée lors du mesurage des différentes grandeurs.

Incertitude-type sur la distance (d_2-d_1)

La mesure de distance (d_2-d_1) a été effectuée par mesures d'écarts de distance grâce à un comparateur de résolution $1/100$ de mm. Le principe de mesure est une méthode par comparaison par rapport à une distance étalonnée employée à deux reprises (figure A3.1).

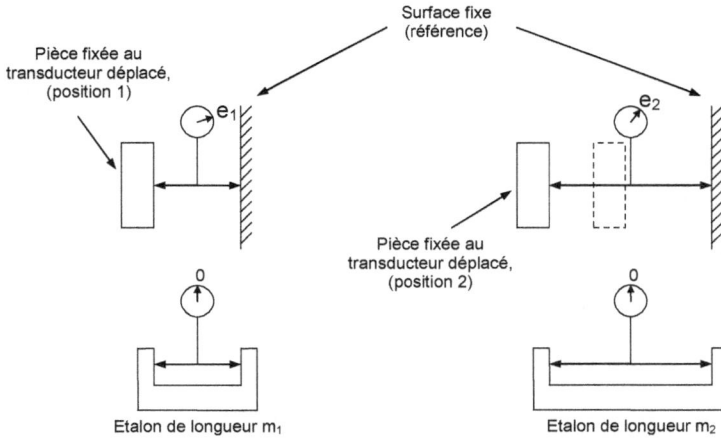

Figure A3.1: *Principe de mesure des distances entre transducteurs*

Par un calcul classique d'incertitude liée à la méthode de mesure par comparaison utilisée, nous obtenons une incertitude élargie (avec une loi normale avec k=2) U_{comp} de 25 µm applicable aux distances $(m_i + e_i)$.

La mesure de $(d_2 - d_1)$ est obtenue par différence de deux mesures:

$$d_2 - d_1 = (m_2 + e_2) - (m_1 + e_1) \qquad (A3.1)$$

L'incertitude-type s'obtient en appliquant la loi de propagation de l'incertitude à l'équation A3.1 avec pour grandeurs d'entrée $(m_1 + e_1)$ et $(m_2 + e_2)$:

$$u(d_2 - d_1) = \frac{U_{comp}}{\sqrt{2}} \qquad (A3.2)$$

Incertitude-type sur l'épaisseur de la pièce solide

Les mesures des épaisseurs des pièces sont effectuées sur une Machine à Mesurer Tridimensionnelle (MMT). Le principe de mesure repose sur le palpage des deux plans de la pièce et sur le calcul de la distance moyenne entre ces deux plans. Lors de cette mesure, nous balayons une zone légèrement plus importante que celle balayée lors des essais ultrasonores.

171

Pour ce type de mesure, nous retenons comme incertitude-type sur l'épaisseur:

$$u(e) = \frac{1}{\sqrt{N}} \cdot \sqrt{\left(\frac{\Delta_{\text{Planéité P1}}}{\sqrt{3}}\right)^2 + \left(\frac{\Delta_{\text{Planéité P2}}}{\sqrt{3}}\right)^2 + \left(\frac{\Delta_{\text{Parallélisme P2/P1}}}{\sqrt{3}}\right)^2} \qquad (A3.3)$$

où N est nombre de points palpés par plan, $\Delta_{\text{Planéité P1}}$ et $\Delta_{\text{Planéité P2}}$ sont les défauts de planéité des plans palpés et $\Delta_{\text{Parallélisme P2/P1}}$ est le défaut de parallélisme d'un plan par rapport à l'autre.

Incertitude-type sur les coefficients de transmission en amplitude

Les coefficients de transmission en amplitude de l'onde longitudinale sont calculés à partir de la formule en incidence normale (équation 3.22). Nous présentons le calcul de l'incertitude-type pour le cas de l'interface eau/solide ($T_{\text{eau/solide}}$), celui de l'interface solide/eau est traité de manière identique.

L'application de la loi de propagation de l'incertitude à l'équation 3.22 pour le cas de l'interface eau/solide donne:

$$u\left(T_{\text{eau/solide}}\right) = \frac{2}{\left(\rho_{\text{eau}}.c_{\text{eau}} + \rho_{\text{solide}}.c_{\text{solide}}\right)^2} \cdot \left\{ \rho_{\text{eau}}^{2}.\rho_{\text{solide}}^{2}.\left[c_{\text{solide}}^{2}.u^2\left(c_{\text{eau}}\right) + c_{\text{eau}}^{2}.u^2\left(c_{\text{solide}}\right)\right] \right.$$
$$+ c_{\text{eau}}^{2}.c_{\text{solide}}^{2}.\left[\rho_{\text{solide}}^{2}.u^2\left(\rho_{\text{eau}}\right) + \rho_{\text{eau}}^{2}.u^2\left(\rho_{\text{solide}}\right)\right]$$
$$\left. - 2.c_{\text{eau}}.c_{\text{solide}}.\rho_{\text{solide}}^{2}.\rho_{\text{eau}}^{2}.u\left(c_{\text{eau}}, c_{\text{solide}}\right) \right\}^{1/2}$$

$$(A3.4)$$

où les incertitudes-types sur les vitesses $u(c_{\text{eau}})$ et $u(c_{\text{solide}})$ sont égales aux incertitudes-types composées données dans le chapitre 3 (équations 3.34 et 3.35), celles sur les masses volumiques $u(\rho_{\text{eau}})$ et $u(\rho_{\text{solide}})$ sont fournies par le fabricant des éprouvettes (EDF). La covariance $u(c_{\text{eau}}, c_{\text{solide}})$ est calculée sur des échantillons de couples de données corrélées.